输油管道动火施工及投产现场管理

王 平 编著

石油工业出版社

内容提要

本书对原油、成品油管道动火施工及投产现场管理程序、操作经验、方案编制、风险控制等方面作了比较详尽的描述,并采用了大量的工程实例进行说明。内容以实用为主,属于动火施工及投产现场管理者应知应会的读物,内容来自动火施工及投产现场实践,具有较强的可操作性和实用性。

本书可作为从事石油天然气储存和运输专业的工程技术人员的工作参考书。

图书在版编目(CIP)数据

输油管道动火施工及投产现场管理/王平编著.
北京:石油工业出版社,2013.5
ISBN 978-7-5021-9450-5

Ⅰ.输…
Ⅱ.王…
Ⅲ.输油管道-管道施工-动火作业-作业管理
Ⅳ.TE973

中国版本图书馆 CIP 数据核字(2013)第 011640 号

出版发行:石油工业出版社
(北京安定门外安华里2区1号 100011)
网 址:http://pip.cnpc.com.cn
编辑部:(010)64240656 发行部:(010)64523620
经 销:全国新华书店
印 刷:北京中石油彩色印刷有限责任公司

2013年5月第1版 2014年3月第2次印刷
850×1168毫米 开本:1/32 印张:4.25
字数:76千字

定价:30.00元
(如出现印装质量问题,我社发行部负责调换)
版权所有,翻印必究

序

王平同志长期在东北石油管道从事管理工作,工作期间,他参加、领导了多次输油管道动火施工及投产现场管理活动,具有丰富的实践经验。他长期从事技术管理,是管道的老学究。本书是他退出工作岗位后,对动火管理进行研究思考,总结工作心得而写成的。

动火就是动准备、比技术、比管理,技术、管理的传承主要是文字。"八三"管道已有42年的历史,有着比较完整的关于动火的管理规定及相关支撑的技术标准,但对一些经验认识、细节参数等内容,标准规范未必能一概包含。

本书在总结多年动火经验的基础上,提出动火管理的一些理念、组织程序、推荐做法、技术要求等,具有实用性,对现行管理规定和标准规范能起到补充的作用。

管理就是"写你所做的,做你所写的,记你所做的,持续改进"。王平同志不遗余力,写下他所做的,编印成书,供大家借鉴使用,这是值得称道的。

中国石油管道公司总经理

2012 年 12 月

前 言

随着我国石油化工工业的不断发展,石油天然气管道输送在国民经济中占有的重要战略地位越来越突出。由于石油天然气具有易燃易爆的特点,输送石油天然气的管道一旦发生泄漏事故,极易燃烧爆炸并污染环境。因此,如何对石油天然气管道进行维护与修理,特别是对动火施工及投产作业进行现场科学管理是石油天然气管道安全、高效运营的重要保证。

本书包括输油管道动火施工及投产现场管理程序、工艺要求、计算方法、技术要点、管理理念等方面内容,语言力求简洁并配有图形和工程实例进行说明。

管道公司总经理姚伟为本书作序;王惠智、王富才、刘志刚、罗瑞奇担任审核;王平执笔,郭丽绘图并编写部分内容。

本书取材来源于在东北管道从事维抢修、运行管理、管道管理、设计、施工、设备制造等工作的管理者和工程技术人员多年积累的经验和体会。在本书编写过程中得到了中国石油管道公司领导及中油股份管道公司沈阳调度中心、中油管道东北各输油气分公司、中国石油天然气管道工程有限公司东北分公司(东北管道设计院)、东北维抢修中心、东北石油管道公司领导和同志们的关心和帮助,在此一并表示谢意。

由于编者水平有限,书中难免存在不足之处,敬请读者批评指正。

编 者
2012 年 12 月

目 录

第一章 动火和动火理念 …………………………………… (1)
 第一节 应急性动火与计划性动火 ……………………… (1)
 第二节 应急性封堵与计划性封堵 ……………………… (4)
 第三节 有关动火的几个理念 …………………………… (5)

第二章 动火施工与投产、生产运行的关系 ……………… (8)
 第一节 动火施工、投产、生产运行三者的关系 ………… (8)
 第二节 动火施工中建设单位与施工单位责任主体的划分
  ………………………………………………………… (9)

第三章 动火施工及投产总体方案的编制 ……………… (12)
 第一节 任务、目的及编写分工 ………………………… (12)
 第二节 相关的基础资料及图纸 ………………………… (12)
 第三节 动火施工及投产总体方案的组成 ……………… (13)

第四章 封堵方式的选择及封堵点数目的确定 ………… (18)
 第一节 应急性动火封堵方式的选择 …………………… (18)
 第二节 计划性动火封堵方式的选择 …………………… (19)
 第三节 不停输塞式封堵作业的工艺技术要点 ………… (20)
 第四节 挡板—囊式封堵作业工艺技术要点 …………… (22)
 第五节 混合式封堵作业工艺技术要点 ………………… (25)
 第六节 停输状态下封堵方式及点数的确定 …………… (26)
 第七节 实例分析 ………………………………………… (29)

第五章 输油管道动火施工及投产中的安全技术措施 … (36)
 第一节 动火作业区间管段内油气的膨胀与收缩 ……… (36)

第二节　动火作业点防止油气膨胀、收缩和燃爆的措施
　　　　…………………………………………………………（37）
　　第三节　功能孔 ……………………………………………（46）
　　第四节　更换长距离管道时的快速抽油与切管 …………（56）
　　第五节　防止夹刀 …………………………………………（59）
　　第六节　对管（组对）………………………………………（61）
　　第七节　废弃管道残油的回收 ……………………………（65）
　　第八节　常压堵孔 …………………………………………（68）
　　第九节　联通、开孔、修补的其他方式 ……………………（69）
第六章　动火作业区的风险识别与风险控制 ………………（83）
　　第一节　作业坑 ……………………………………………（84）
　　第二节　作业坑逃生通道 …………………………………（86）
　　第三节　深坑的处理 ………………………………………（87）
　　第四节　动火现场物件的摆放 ……………………………（90）
　　第五节　起重机（吊车）及其回转区域 ……………………（91）
　　第六节　动火施工场地区域的划分 ………………………（92）
　　第七节　动火施工及投产时间的界定 ……………………（93）
　　第八节　现场监督 …………………………………………（94）
第七章　目前国产动火施工设备存在的问题 ………………（98）
　　第一节　封堵囊 ……………………………………………（98）
　　第二节　黄油囊 ……………………………………………（99）
　　第三节　维抢修夹具 ………………………………………（100）
　　第四节　开孔短接及堵塞 …………………………………（101）
　　第五节　夹板阀 ……………………………………………（103）
　　第六节　切管机 ……………………………………………（105）

第八章 动火输油管道的投产 ……………………………（107）
　第一节　输油站的投产 …………………………………（107）
　第二节　输油站外管道的投产 …………………………（108）
第九章 动火施工及投产的组织机构 ……………………（111）
　第一节　动火与投产领导小组 …………………………（112）
　第二节　动火施工领导小组 ……………………………（113）
　第三节　现场的统一指挥 ………………………………（113）
附图 …………………………………………………………（114）
参考文献 ……………………………………………………（125）

第一章 动火和动火理念

通常所说的动火是指在正在使用或者使用过的储油罐、输油站场管道、输油站外管道及其阀室等输油气设施上用气焊、电焊等带有明火的工具进行切割、焊接等作业,称为动火施工作业,简称"动火"。

第一节 应急性动火与计划性动火

一、应急性动火

应急性动火施工作业大多是指油库、输油站及输油站外管道等输油设施因制造缺陷、腐蚀、第三方破坏、自然灾害及操作不当等因素引发的爆炸、断裂、穿孔、泄漏、冒罐、渗油等突发事件而实施的抢修动火施工作业,通常称为抢修动火或应急动火。

图1-1至图1-5分别是输油管道发生爆炸、腐蚀、跑油、断裂、盗油的情景。

凡是事故大都事发突然,平时相关人员就要在思想、设备物资及风险控制预案等方面事前有充分的准备。抢修队伍接到抢修任务后,要迅速出发,尽快到达现场,进行有效处置,不然可能造成更多的漏油和环境污染等危害。遇有高凝点原油,如果停输时间过长还有"凝管"的恶性风险。"召之即来,来之能战,战之能胜"就是对应急性动火施工作业的形象要求。

图 1-1 爆炸事故现场

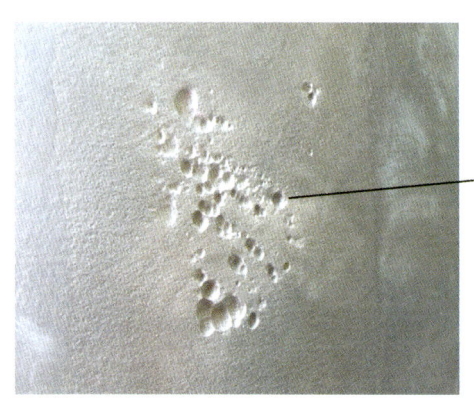

图 1-2 管道腐蚀

图1-3 管道跑油

图1-4 焊缝断裂

图1-5 打孔盗油点

二、计划性动火

除了应急性动火以外的大多数动火属于计划性动火,这类动火一般都在年初的更改计划或修理计划中列出。在工程改造期间,计划性动火次数一般要高于应急性动火次数。本文中所指的动火,除了特别注明外,多数指的是计划性动火。

第二节 应急性封堵与计划性封堵

一、应急性封堵

应急性封堵是指对输油管道发生漏油等事故进行抢修时,不使用封堵器堵截住油流就不能进行修复的作业。接到抢修任务后,尽管没有足够的准备时间,还是要求抢修队伍出发快、到达快、抢修快、恢复快。对于东北管道来说,在压力许可的情况下,宜选用用时较少的挡板—囊式封堵方式或折叠式封堵方式。一般来说,折叠式封堵方式比挡板—囊式封堵方式更便捷、更省时、更安全。

二、计划性封堵

计划性封堵多数应用于输油管道计划性的修复改造工程。它的特点是有比较充裕的准备时间,宜选用塞式封堵器进行封堵。根据生产运行的需求还可以选用不停输封堵作业。不停输封堵作业应选择塞式封堵器,塞式封堵器可承受较高的运行压力,比较安全可靠,缺点是焊接等准备时间较长。

第三节　有关动火的几个理念

一、以人为本,安全至上

(1)以人为本,安全至上就是在动火施工及投产中,所有参与者特别是各级领导要从思想和行动上,把尊重员工的生命和健康作为思考一切工作的根本,从而把安全工作摆在"至高无上"的地位。

(2)任何人任何理由都不能动摇和超越安全至上的地位。

二、关爱生命,关注健康教育

(1)参加动火及投产工程的每个人特别是各级领导,都要关爱和珍惜自己及员工的生命和健康。

(2)每次动火动员会议上,现场指挥者都要进行关爱生命,关注健康的教育。让"以人为本,安全至上"的理念深入到现场每个人员的思想和行动中。

三、责任心和执行力

世界上怕就怕"认真"二字。所谓"认真",其实就是有责任心和执行力,做任何事情只要有责任心和执行力就没有做不好的事情了,所以责任心和执行力是对干部和员工完成好动火施工及投产任务最基本的素质要求,也是使参与单位和人员从经验型管理向现代科学型管理转变,从粗放型管理向精细化管理转变的动力基础。

四、事故是可以预防的,风险是可以预控的

(1)在事故发生前将风险识别出来并科学评价,把不能承受的风险马上处理,对可承受的风险全程进行监测,按计划及时处理。总之,防患于未然,就可以使我们在安全工作中掌握主动权。

(2)提高风险识别能力的一条重要途径是向事故和事件学习,前车之鉴,后事之师。这样事故就可以预防,风险就可以得到有效控制。杜邦公司在这方面有好多成熟的经验值得我们借鉴,并在实践中学习和探索,不断地思考和总结,建设我们自己的企业安全文化。

五、动火就是动准备,投产就是投准备

在高凝原油管道的计划性停输动火施工及投产中,都是要求当天动火、当天投产,时间紧、工作量大、风险

高。若停输时间过长,还有凝管的风险。解决办法是将一切可以提前做的工作都提前做好,不能提前做的工作也要充分准备好,使当天的动火施工及投产的工作量降低到最少。由于减少了当天的工作项目和内容,减轻了劳动强度,保证了安全、质量、时间,使动火施工及投产的风险由不可控变为无论时间和质量都是完全可控的。

第二章　动火施工与投产、生产运行的关系

第一节　动火施工、投产、生产运行三者的关系

我们往往把动火施工作业看做是一项单独的施工作业,仅仅是施工队伍的事情。这种看法是片面的,其实动火施工作业是通过改造、修复等施工手段,达到改变流程、更换设备(管件)或者修复缺陷使输油系统恢复正常运行的目的。简单地说,动火施工是手段,投用后保证正常的生产运行才是目的。因此要求动火施工及投产现场的组织者必须认识到,动火施工、投产、生产运行是相互关联的一个整体,只有统筹考虑,才能保证动火成功,顺利投产,如图2-1所示。

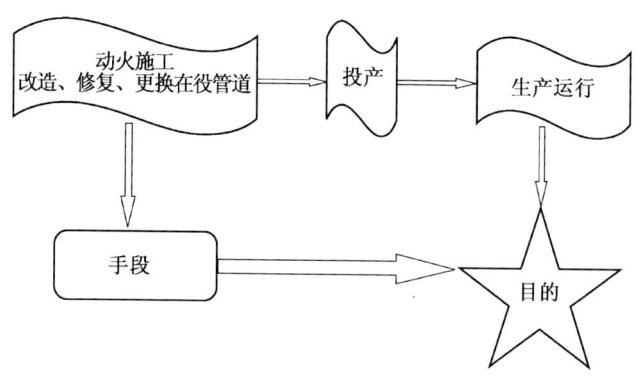

图2-1　动火施工、投产、生产运行的关系

【第二章】 动火施工与投产、生产运行的关系

● 动火与投产、运行三者从始至终都是一个紧密相连的整体,必须相互支持与配合才能顺利达到目的。

第二节 动火施工中建设单位与施工单位责任主体的划分

动火施工大多是在输油气管道运行系统上,对某个部位进行的修复、更换、连接、改造等作业。建设单位、施工单位的操作与施工往往交叉进行,对应的责任主体也随之变化。理清责任界面,清楚地划分责任主体对工程的实施和有效监管至关重要。下面从停输动火施工及投产的步骤看责任主体的变化及责任界面的划分,如图2－2所示。

第一步:停输。将相关的运行系统停运,由建设方操作,责任主体是建设方。

第二步:稳压。运行的输油管道刚停下来时,系统的压力会产生由强到弱的震荡。首先需要将系统的压力波动稳定下来,达到封堵施工作业的要求。由建设方操作,施工方检测压力。操作责任是建设方,检测责任是施工方。

第三步:动火施工作业。压力稳定下来并符合要求后,开始进行封堵、抽油、切管、安装黄油囊、修口、组对、焊接等工序。施工责任是施工方,监督责任是建设方。

第四步:焊缝检测。衡量动火成功与否最主要的指

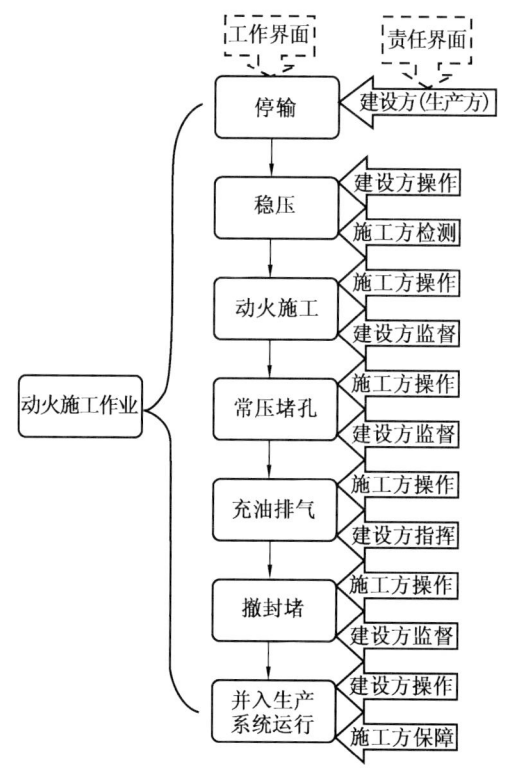

图 2-2 工作界面与责任界面示意图

标是焊缝的质量。因此,动火的管道接口在焊接过程中,要有专职的焊接工程师进行监督,焊接完毕后要由有资质的焊接检测队伍进行焊缝质量检测。检测结果按规范和标准进行评价。不合格的焊口要返修或将整个管段切下来重新对口焊接,直到焊缝质量完全合格为止。

第五步:堵孔。新焊接的所有焊缝经检测合格后就可进行常压堵孔。所谓常压堵孔,是指焊接完成并经检测合格的管道,在没有进油之前就把能提前堵的孔都提前堵好。施工责任是施工方,监督责任是建设方。

第六步:充油排气。常压下能堵的孔都堵好后就可进行封堵段管线的充油、排气作业。充油排气作业的指挥是建设方,他们承担指挥责任;排气阀门等设备操作是施工方,他们承担配合责任。

第七步:撤封堵。通油排净气体后堵好排气孔就可撤除封堵。施工责任是施工方,监督责任是建设方。

第八步:并入生产系统运行。封堵撤除后就应尽快恢复输油并入输油运行系统。运行系统的调度指挥和操作都由建设方负责;施工方现场待命,负保障责任。

以上步骤可以看出,所处的施工阶段不同,责任主体也不同,特点是责任主体随阶段进展不断交叉变换。

- 操作内容不同,责任主体不同,责任主体随阶段进展不断交叉变换。

第三章 动火施工及投产总体方案的编制

第一节 任务、目的及编写分工

接到动火任务后,由建设单位组织编写《动火期间输油工艺运行方案》和《动火管道投油投产方案》。施工单位组织编写《动火施工方案》(包括动火施工技术方案和施工组织方案)。动火及投产领导小组组织编写《动火施工及投产总体实施协调方案》。编写人员首先应清楚本次动火的任务与目的,如果计划任务书中阐述的不详细,一定要向相关部门询问清楚,也要让所有的参与编写人员和方案执行人员知道。

第二节 相关的基础资料及图纸

按照动火计划任务书中提出的任务与目的,编写人员首先要收集必要的基础资料和图纸,主要内容如下:

(1)拟动火管道的平面走向图。

(2)拟动火管道的纵断面图。

(3)与拟动火管道相关的上下游输油站场工艺流程图。

(4)拟动火区域管道的平面、纵断面详图。

(5)准备连接的新管线的平面、纵断面图。

(6)准备废弃的管段的纵断面详图。

(7)拟动火区域管道的埋深、沿途高差的分布、河流、公路、桥梁、铁路、高压线、城镇、村庄等情况。

(8)管道输送介质的物性(凝点、饱和蒸气压、含蜡量、含硫量等)。

(9)运行管道的设计压力。

(10)管道的运行参数,如压力、温度、输量、高凝原油不同季节的允许最小输量及允许的最长停输时间等。

(11)清管情况。

(12)新老管道的管材规格、材质、防腐情况以及新老管道之间对接的焊接工艺评定等。

第三节　动火施工及投产总体方案的组成

动火施工及投产总体方案大体上由以下几个方案构成:

(1)动火期间输油工艺运行方案。

(2)动火管道投产方案。

(3)动火施工方案。

(4)风险控制预案(动火施工及投产全过程的风险识别与控制)。

(5)投产现场总体实施协调方案。

其中,动火期间输油工艺运行方案、动火管道投产方案及风险控制预案应该由运行单位编写;动火施工方案

（包括施工风险控制预案）应该由动火施工承担单位编写；现场总体实施协调方案由动火及投产领导小组组织编写。

一、动火期间输油工艺运行方案和动火管道投产方案的编制

停输动火期间,输油工艺运行方案和动火管道投产方案主要内容如下：

(1)遵循的主要标准和规范。
(2)停输期间输油系统的运行安排描述。
(3)停输的操作程序制定。
(4)修复后或更换的新管道的充油排气投产程序。
(5)动火后工艺运行系统的恢复及调整。
(6)动火期间工艺运行系统的风险控制预案。
(7)动火期间工艺专业的组织机构。

二、动火施工方案的编制

动火施工方案由承担动火施工任务的单位负责编写,方案主要内容如下：

(1)遵循的主要标准和规范。
(2)详细叙述本次动火任务的具体内容及目的。
(3)详细叙述动火区域与本工程相关的自然环境。
(4)详细叙述动火施工管道的相关情况及相应的技术方案,包括：

① 管道建设的年限。

【第三章】 动火施工及投产总体方案的编制

② 管道埋深、土质、开挖及防塌方技术的措施。

③ 管道的管径、壁厚、材质及敷设方式。判断有无敷设安装应力及需要采取的消除措施。

④ 管道的运行参数及物性(压力、温度、黏度、含蜡量、含硫量等)。

⑤ 如果是输送含蜡的原油管道要描述管道清蜡情况,判断结蜡厚度,估计结蜡对封堵、抽油的影响及应对措施。

⑥ 详细描述输油站与输油站之间、输油站与干线截断阀之间、干线截断阀与干线截断阀之间的高差分布,以此确定封堵的方式和数量。

⑦ 对应动火施工季节的最长允许停输时间。

⑧ 详细的施工工序。

⑨ 施工设备的配备及状况等等。

⑩ 施工队伍人员的安排,资质及培训等情况。

⑪ 施工过程的风险识别与过程控制。

1. 施工工序及方法的编制

(1) 管道开挖方法步骤及管道安全防护和防塌方措施。

(2) 动火连头管道出土端的几何尺寸测量及放线。

(3) 开孔位置、规格、数量及开孔机具的选择。

(4) 与开孔配套的短节数量、规格、安装位置、焊接方式方法及试压要求。

(5) 抽排油方案及抽油泵、油槽车布置安排。

（6）切管位置、数量及消除应力预案。

（7）黄油囊的数量及施工方法。

（8）修口、可燃气体检测。

（9）下料及管口组对（对管）实施预案。

（10）焊接方式及技术要求。

（11）焊缝检测方式方法及规范要求。

（12）修补措施预案。

（13）施工风险控制预案等。

2. 施工机具、设备的配备及完好状况

根据本次动火施工的工序，确定相应的机具、设备、材料的种类和数量等，另外还要描述主要设备、机具的完好状况。只有所用设备、机具、材料、备件、工具齐全且处于完好状态才能保证动火施工进程顺畅，速战速决，降低施工人员疲劳风险和因设备故障拖延动火施工进程的风险，大体包括：

（1）切管机的型号、数量及完好状况。

（2）抽油泵的型号、数量及完好状况。

（3）开孔机的型号、数量及完好状况。

（4）电焊机的型号、数量及完好状况。

（5）封堵器系统的型号、数量及完好状况。

（6）起重机（吊车）的型号、数量及完好状况。

（7）挖沟机的型号、数量及完好状况。

（8）发电机的型号、数量及完好状况。

（9）液压系统的型号、数量及完好状况。

(10)起重用钢丝绳、吊带、千斤顶、手动葫芦、角砂轮等工具的规格型号及完好状况。

(11)安全帽等劳保用品的规格型号、数量及完好状况。

(12)电焊条的型号、数量及使用要求。

(13)其他辅助设备、材料等。

(14)需持证上岗人员的培训情况和健康状况。

(15)动火施工队伍的组织机构。

特别强调,不仅要求设备状况完好,钢丝绳、吊带、安全帽等还要求必须在保质期内使用。

三、动火施工及投产现场总体实施协调方案的编制

为了更好地把《动火期间输油工艺运行方案》、《动火管道投产方案》和《动火施工方案》三个方案贯彻落实好,还要结合现场实际编制组织实施协调方案。重点是各个参加单位和各家队伍工作界面的衔接、工序的衔接、安全的监管、地方和企业的协调、方案可操作性的完善及组织机构根据现场变化的调整等。《动火施工及投产现场总体实施协调方案》由动火施工及投产领导小组组织编写。

四、动火施工作业的 QHSE

根据 QHSE 体系文件,编制动火施工作业的"两书一表",内容涵盖动火全过程的风险识别和风险控制措施。

第四章 封堵方式的选择及封堵点数目的确定

第一节 应急性动火封堵方式的选择

封堵方式根据动火类型的不同而不同。如前所述，应急性动火大多属于突发事故的抢修，往往是由于输油管道断裂、开焊、腐蚀穿孔，第三方破坏，自然灾害，误操作等造成的事故的抢修。在这种情况下，首要任务是尽快制止事态进一步扩大，应以最快的速度，最短的时间，修复事故管段或设施，恢复生产运行，所以时间要求特别紧。在这种情况下，一般避免考虑选用安装比较费时间的封堵措施，优先考虑用夹具、补弧板、扣帽子等节省时间的措施进行抢修。如果因地形高差或破裂管道变形较大等原因，使夹具无法夹住或密封住受损管道，事故处不断有油流外泄，无法进行焊接等作业时，不得已才考虑选用封堵措施进行抢修。这种封堵作业就是为了堵住不断泄漏的油流，使抢修能够进行下去。如果必须封堵，在封堵器种类选择上，从节省时间角度考虑，应优先选择使用档板—囊式封堵器或同样比较节省时间的折叠式封堵器进行封堵。特别是东北管网地处平原，管道沿途地形高差不大，这两种封堵器更具有明显优势。

【第四章】 封堵方式的选择及封堵点数目的确定

- 当管道发生漏油,选择修复方式时,第一选择是用合适的夹具进行修复。
- 带导流孔的变径夹具更适合修复已经变形的管道。
- 孔洞状漏油宜先用木楔堵住油流,然后扣上帽形卡具并焊接完好,例如盗油孔等。
- 环形焊缝开焊宜选用对开式全包围弧形焊接夹具。
- 水中修复作业选用螺栓连接的变径夹具。
- 当高差太大或管道变形较大时,夹具等堵漏工具确实不能堵住油流的继续泄漏或无法进行焊接时,不得已才选用封堵器把油流堵住,以便进行修复的下道工序。
- 必须实行抢修封堵时,如果压力条件允许,首先选择折叠式封堵器或挡板—囊式封堵器。
- 计划性封堵作业多选择塞式封堵方式。

第二节　计划性动火封堵方式的选择

计划性动火封堵方式大多应用于改造工程或编入修理计划中的维修项目。它的特点是有比较充裕的准备时间,可以把能够预制的工作量提前预制好,使动火当天的工作量减到最少,达到把动火风险降到最低的目的。

计划性动火若进行封堵作业,宜选用塞式封堵器。塞式封堵虽然焊接、开孔、安装等比较费时间,但是封堵效果安全可靠,能承受较高的压力。当输油管道满负荷运行,没有条件进行停输修理或改造时,就需要应用塞式封堵器进行不停输封堵,保证工程如期进行。当输送高凝点原油的管道进行修理或改造时,采用塞式封堵器进行不停输封堵比较安全可靠。

在东北地区计划性的停输封堵中,当封堵压力不大于0.1MPa时,选用挡板—囊式封堵。它焊接用时少,开孔用时也少,且安装拆卸较塞式封堵省力,省时间。这种情况下如果选用折叠式机械封堵会更简便、更省力、更省时间、更安全、更可靠,其他情况均选用塞式封堵。

第三节　不停输塞式封堵作业的工艺技术要点

不停输塞式封堵作业(图4-1)中的几点注意事项:

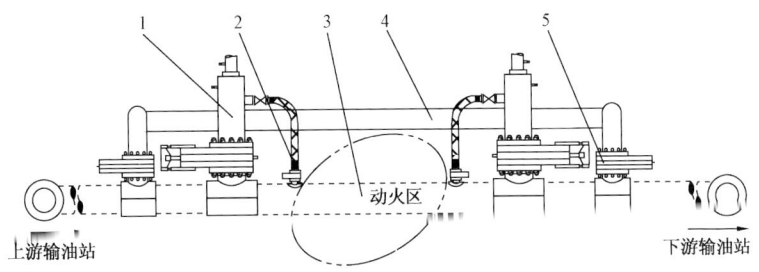

图4-1　不停输塞式封堵作业示意图
1—塞式封堵器;2—压力平衡孔;3—在役待维修管道;
4—旁通管道;5—旁通夹板阀

(1)旁通线要尽可能的短。

(2)旁通线不能短时,加大小头,增大旁通管径,减少

【第四章】 封堵方式的选择及封堵点数目的确定

摩阻,增加流量。

(3)若动火点的两侧都有封堵,开始下封堵头时,一定要先下下游侧封堵头,否则容易造成封堵设备损坏。

(4)撤封堵时,封堵头两侧压力达到平衡时,才能提起封堵头。

(5)撤两侧封堵时,先提起上游侧封堵头,确认上游侧封堵头提起后,再提起下游侧封堵头。

(6)封堵作业期间不应进行清管和改变运行的操作。

(7)液体管道带压封堵时的介质流速应不大于2.5m/s,气体管道带压封堵时的流速应不大于5m/s。

(8)在选取封堵开孔位置时,要错开焊缝和测量椭圆度,椭圆度要符合规程要求(开孔封堵部位的管道误差不得超过管道外径的1%)。

(9)堵塞的弧板要划上标记,原方向送回,避免旋转角度,影响日后通球。

(10)大口径(1000mm以上)管道开孔时,开孔钻头上应至少有三道以上"U形环",防止开孔时弧板脱落。

(11)焊接好防胀圈,防止弧板变形夹住开孔刀,但应避免过重。

- 不停输封堵作业应选择塞式封堵器。
- 不停输封堵作业时,先封下游侧封堵头。
- 不停输封堵作业撤封堵时,先提上游侧封堵头。

- 不停输封堵作业的旁通线不能过长,否则应加大管径。
- 大口径(1000mm以上)开孔钻,至少有三道"U形环"。

第四节 挡板—囊式封堵作业工艺技术要点

挡板—囊式封堵的优点如前所述,同等口径条件下与塞式封堵相比,其重量轻、焊接量少、开孔时间短、安装快、拆卸快,特别适合抢修作业。特别提醒的是,用橡胶制作的封堵囊容易被开孔口上未被切削掉的铁屑或未被油流冲走的铁屑扎破,造成封堵失败或酿成跑油等恶性事故。挡板—囊式封堵只用在封堵压力低的管道上。

一、挡板—囊式封堵作业中的注意事项

挡板—囊式封堵作业(图4-2)的注意事项为以下几点:

(1)封堵囊只能单方向受力,不能承受反方向的力。

(2)封堵状态下,封堵点的上下游水力系统压力不能波动和振荡。

(3)封堵状态下相连通的水力系统不能有工艺操作。

(4)封堵段两侧压力不等时,先封堵高压侧。

(5)高压侧封好后,泄掉动火侧的压力。

(6)最后封低压侧,观察压力判断封堵效果。

(7)封堵点两侧压力相等时,可同时进行封堵。

(8)封堵点的压力一侧高,一侧低时,高压侧可选用

【第四章】 封堵方式的选择及封堵点数目的确定

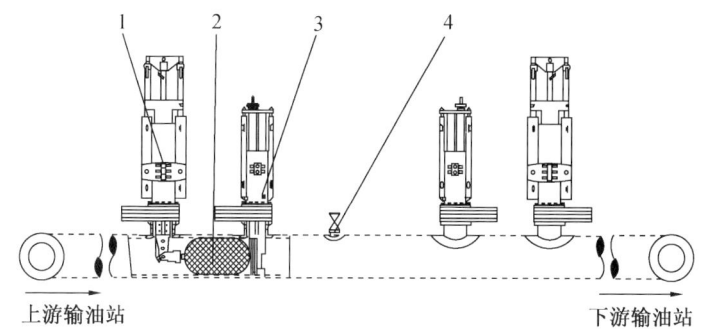

图4-2 挡板—囊式封堵作业示意图
1—送取囊装置;2—封堵囊;3—挡板装置;4—泄压孔

两道封堵,增加可靠性。

(9)计划性封堵作业时,如果静压或运行压力较高时,则应选用塞式封堵器,进行停输或不停输封堵。

(10)为了保护封堵囊不被开孔口上残留的铁屑划伤,特别注意将孔口开透,不能有残留的铁屑。

(11)开孔要在运行状态下降压进行。

(12)开孔短接焊接时,要按要求在运行状态下降压进行。

(13)不宜在半管液体状态下焊接,应在满管运行状态下进行。若液体不能保证满管状态,可将管内混合气体引至管外,远离焊口,管内充入惰性气体保护。

(14)挡板—囊式封堵目前只在管道停输状态下使用。

(15)目前挡板—囊式封堵的封堵囊充氮气的压力按式(4-1)计算:

$$p_n = p_g + (0.08 \pm 0.02) \text{MPa} \qquad (4-1)$$

式中 p_n——封堵状态下,封堵囊内的氮气压力,MPa;

p_g——封堵状态下,管道内的介质压力,MPa。

(16)在挡板—囊式封堵中,封堵压力无论高低,封堵囊的承压都是压差 Δp。按目前的规定,$\Delta p = p_n - p_g = (0.08 \pm 0.02) \text{MPa}$。

二、解除封堵时的注意事项

解除封堵时,顺序倒过来:

(1)先解除低压侧封堵,后解除高压侧封堵。

(2)当两侧压力相当时,可同时解除封堵。

- 切记封堵囊只能单方向受力。
- 当封堵囊外侧(无挡板侧)因高差倒油等因素有产生真空的可能或表压为"0"时,必须开平衡孔,以确保封堵和封堵囊的安全。
- 特别注意下囊孔口不能有残留铁屑,以免划伤或扎破封堵囊。
- 使用挡板—囊式封堵时,由于存在封堵囊破损或泄气风险,可选用同样节省时间且安全可靠的折叠式封堵器。
- 挡板—囊式封堵目前只是在停输状态下应用。
- 挡板—囊式封堵中,无论封堵压力高低,封堵囊所承受的压差都是$(0.08 \pm 0.02) \text{MPa}$。

———— 【第四章】 封堵方式的选择及封堵点数目的确定

● 一般情况下挡板—囊式封堵只在静压力很低的管道抢修或快速抽油时使用。

● 折叠式封堵器作用和效果均比挡板—囊式封堵器好。

第五节 混合式封堵作业工艺技术要点

封堵作业时,常有动火点的一侧压力较高,另一侧压力很低的情况。这时,压力较高的一侧要进行塞式封堵,压力很低的一侧进行挡板—囊式封堵或选用折叠式封堵,这种方式称为混合式封堵。当低压侧确定没有正压力(表压为"0")或是负压时,原则上要进行封堵。当有有利地形时,还可只开平衡孔,不进行封堵。当更换的管道距离很长或较长时,为了快速抽油切管,就采用混合式封堵作业(图4-3)方式。

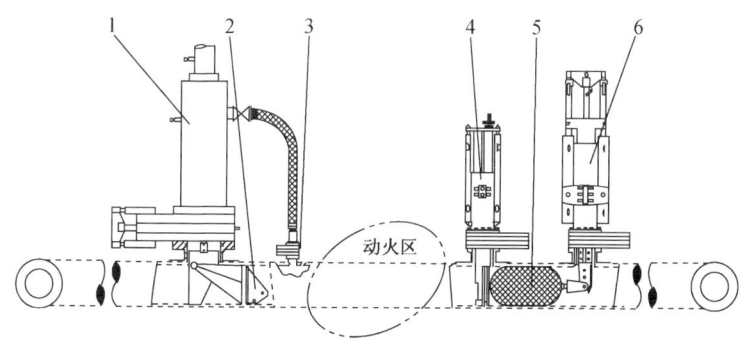

图4-3 混合式封堵作业示意图

1—塞式封堵器;2—封堵头;3—压力平衡孔;
4—挡板装置;5—封堵囊;6—送取囊装置

第六节 停输状态下封堵方式及点数的确定

进行停输封堵作业,首先应确定封堵方式和封堵点数。停输封堵作业封堵点数的确定大体依照以下步骤:

(1)先在纵断面图上找到动火点的位置,如图4-4所示。

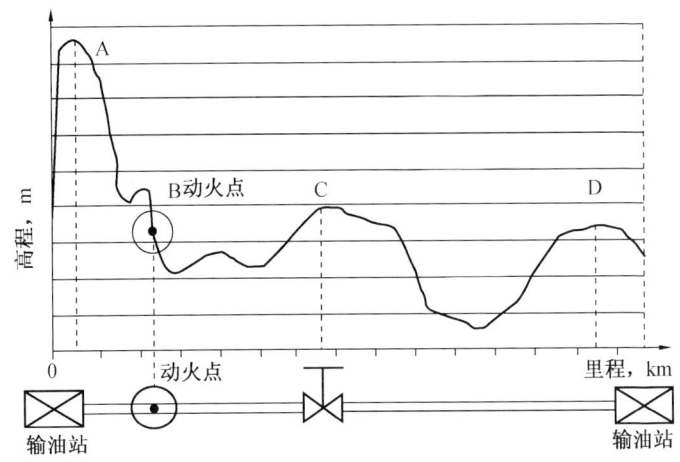

图4-4 确定动火点在纵断面图上的位置

(2)找出能够隔离动火作业点的输油站、干线截断阀、支线截断阀,如图4-5所示。

(3)动火点要位于输油站与输油站、输油站与干线截断阀或干线截断阀与干线截断阀构成的隔离区间范围内。

(4)在隔离区间内,标出动火点两侧压力控制点,并计算控制点的压力值。

【第四章】 封堵方式的选择及封堵点数目的确定

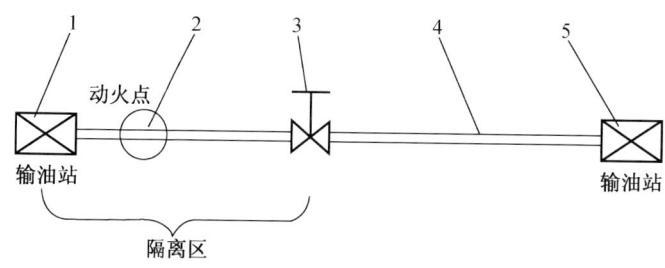

图 4-5 确定隔离区段

1—上游输油站;2—动火点;3—干线截断阀;4—下游管线;5—下游输油站

(5)管线停输状态下东北管网等老的输油管道适用的计算公式为水静力学基本方程:

$$p = \rho g h \qquad (4-2)$$

式中 p——压力,Pa;

ρ——密度,kg/m³;

g——重力加速度,$g = 9.8$ m/s²;

h——相对高程,m。

(6)管线停输状态下,全自控管道压力计算用全势能守恒方程和水静力学基本方程两个公式计算,全势能守恒方程为:

$$z + h = c \qquad (4-3)$$

式中 z——计算点的相对高程(位置水头),m;

h——压强高度(压强水头),m;

c——常数。

全势能守恒方程表示,当管道中流体的速度等于零时,全势能守恒,即压强水头与位置水头之和是一个常数,它是静止液体的能量方程。

通过全势能守恒方程式(4-3)和水静力学基本方程式(4-2)可以计算出沿管线方向上任一点的压力或水头。可以看出,管线的高程越高,水头就越低;反之,高程越低,水头越高。在山的顶部,管线压力可能降至低于液体的蒸气压。在高程较低的地方,压力可能超过了最大允许操作压力。

(7)先看动火点上游侧,经计算当作用于动火点的最大压力大于0时,进行封堵。当压力等于0时,原则上进行封堵或视具体情况而定。当压力小于0时,应开 $DN50$ 的平衡孔。

(8)再看动火点下游侧,当作用于动火点的最大压力大于0时,进行封堵。当压力等于0时,原则上进行封堵或视具体情况而定。当压力小于0时,应开一个 $DN50$ 的平衡孔。

(9)先确定封堵区间内距高程高的一侧的封堵方式,再确定封堵区间内次高程一侧的封堵方式。

(10)当长距离改线更换管道动火施工时,为了提早快速切管,需要采用混合式封堵方式。这时要先确定外侧封堵方式,然后再确定内侧封堵方式。长距离改线混合式封堵作业如图4-6所示。

【第四章】 封堵方式的选择及封堵点数目的确定

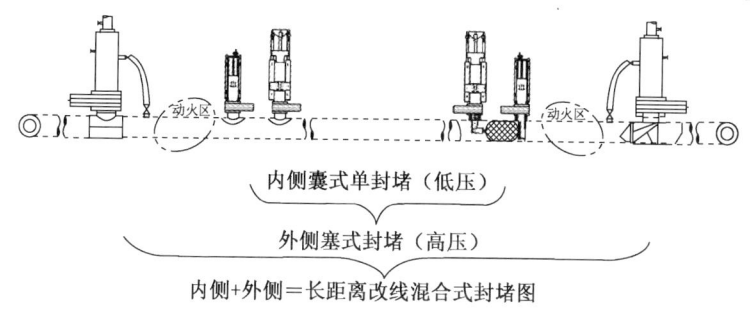

图 4-6 长距离改线混合式封堵作业图

第七节 实例分析

以用封堵的方法更换管段的工程实例来分析如何确定封堵方式和封堵点数。

某处全自控输油管道因与正在修建的高速公路交叉,管道安全和社会公共安全都将受到影响。按照公路规划的要求,为了双方的安全,需要将输油管道某段局部进行改造平移出数百米的距离,以躲避与高速公路的交叉。根据现场及管道生产运行的工况安排,此处改线管道的新老管线动火连头将采取停输封堵动火施工作业。下面仅以此例来说明封堵改线动火施工工程中,如何确定封堵方式和封堵点数。

图 4-7 所示为该输油管道局部改线工程的上游输油站与下游输油站之间的管线纵断面。按前一节的叙述确定该段改线工程封堵方式和封堵点数,其方法和步骤如下所述:

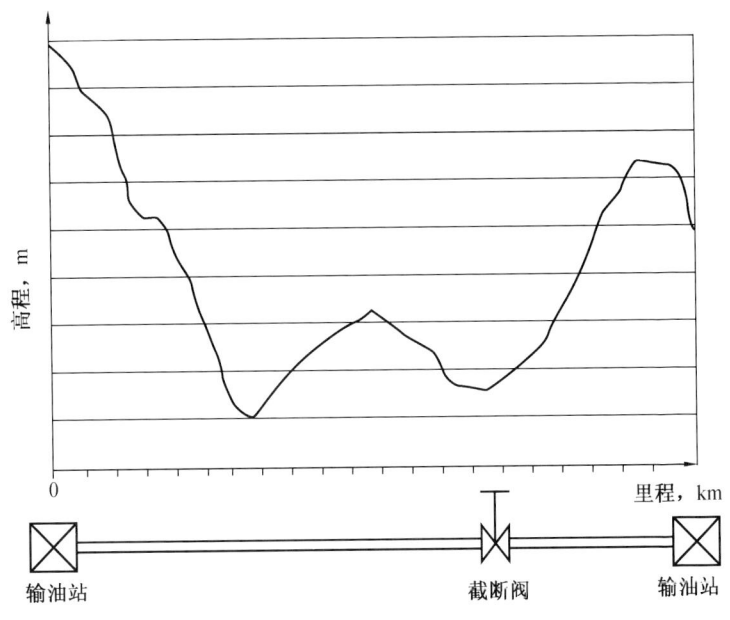

图4-7 管线纵断面

(1)在纵断面图上标出动火点的位置 B、D(图4-8)。

(2)通过输油站和干线截断阀确定隔离区间为 AE 管段。

① 标出相关点 A、C、E。将动火点 B 分为 B 外侧和 B 内侧,动火点 D 分为 D 外侧和 D 内侧。

② 以干线截断阀作为隔离区边界的前提是干线截断阀的严密性必须达到关闭状态下"0"泄漏,否则隔离区间延扩至下一个截断阀,直至以站到站为隔离区。

【第四章】 封堵方式的选择及封堵点数目的确定

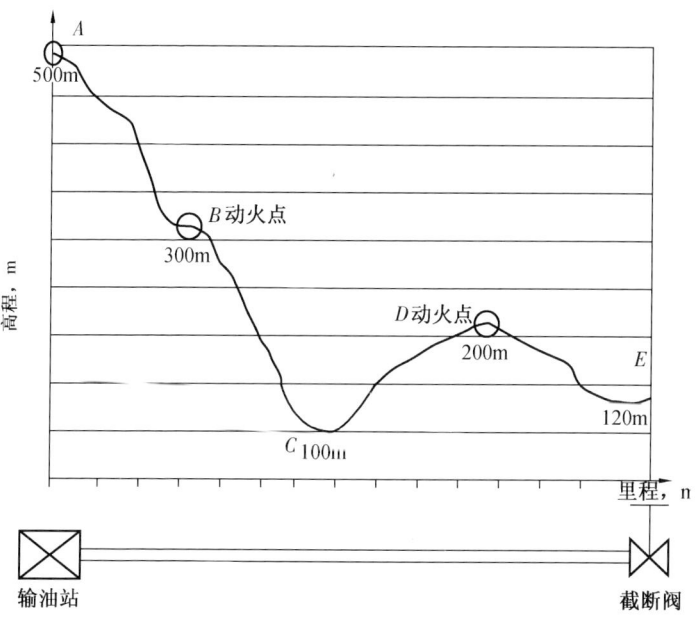

图4-8 动火点位置的标注

(3)先看封堵段 BD 外侧的压力计算。

① 因为该管道是全自控密闭输油管道,可通过式(4-2)和式(4-3)计算动火点 B、D 外侧的压力。

从已知条件得知高程 $A=500\mathrm{m}$, $B=300\mathrm{m}$, $C=100\mathrm{m}$, $D=200\mathrm{m}$, $E=120\mathrm{m}$; A 点的 $p=600\mathrm{kPa}$, $\rho=850\mathrm{kg/m^3}$, $g=9.8\mathrm{m/s^2}$。

由式(4-2)计算 A 点水头:

$$h_A = \frac{p}{\rho g}$$

$$= \frac{600000}{850 \times 9.8}$$

$$= 72(\text{m})$$

由式(4-3)可得：

$$c = z + h$$
$$= 500 + 72$$
$$= 572(\text{m})$$

停输时总势能守恒，则 B 点水头为：

$$h_B = c - z$$
$$= 572 - 300$$
$$= 272(\text{m})$$

换算成压力 $p_B = \rho g h$

$$= 850 \times 9.8 \times 272$$
$$= 2265.8(\text{kPa})$$

② 通过式(4-2)和式(4-3)计算 D 点外侧水头和压力：

$$h_D = 372\text{m}$$

$$p_D = 3098.8\text{kPa}$$

③ 通过式(4-2)和式(4-3)计算：

C 点水头　　　$h_C = 472\text{m}$

压力　　　　　$p_C = 3931.8\text{kPa}$

【第四章】 封堵方式的选择及封堵点数目的确定

E 点水头 $h_E = 452\text{m}$

压力 $p_E = 3765.2\text{kPa}$

④ 从以上计算可以看出：

B 点外侧压力 $p_B = 2265.8\text{kPa} > 0$，$B$ 点外侧需进行塞式封堵。

D 点外侧压力 $p_D = 3098.8\text{kPa} > 0$，$D$ 点外侧需进行塞式封堵。

(4) 再看封堵段 BD 内侧的压力计算。

根据封堵原则，先封堵动火区段的外侧后，BD 段又构成了一个独立封闭区间。这样就可以先把 BD 段管子内的余压泄为大气压。应用式(4-2)，通过 BD 段高程差计算 B 点的内侧压力；显然 B 内 <0 不用封堵，可以开一个 $DN50$ 的平衡孔。应用式(4-3)通过 DB 段高程差计算 D 点内侧压力；D 内 >0 应该封堵。

(5) 考虑到先进行 B 点、D 点两处的外侧封堵后，BCD 段就形成了密闭管段。若在密闭管段 BCD 的最低点 C 处开孔抽油(图4-9)，同时 B 点进气，则 B 点内侧压力和 D 点内侧压力都会变成"0"，这样 D 点内侧的封堵就可以取消了。

(6) 改线工程最终确定的封堵方式和封堵点数。

经上述计算和分析，本工程实例最终确定的封堵方式和封堵点数见表4-1。

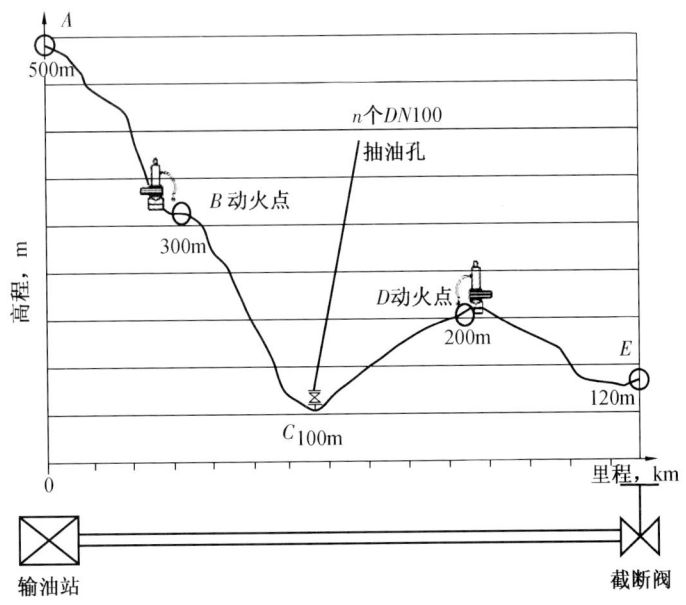

图4-9 最低点C处开孔抽油

表4-1 最终确定的封堵方式和封堵点数

动火点B		低点C	动火点D	
B外侧	B内侧	在B外侧和D外侧封堵成功后集中抽油	D内侧	D外侧
塞式封堵	不封堵		不封堵	塞式封堵

1. 东北等老管道停输时的压力计算

- 看图说话。
- 在拟动火管道纵断面图上标出动火点位置。
- 根据截断阀确定隔离区间（截断阀状况不确定，

【第四章】 封堵方式的选择及封堵点数目的确定

可选输油站至输油站为隔离区)。
- 看地形查出高程。
- 高程差确定压力。
- 压力决定封堵方式。
- 计算压力公式选用式(4-2)。

东北地区的经验做法:封堵点压力不大于 0.1MPa 时,采用挡板—囊式封堵方式或折叠式封堵方式。若选用折叠式封堵方式,封堵压力可增至不大于 0.6MPa。封堵点压力大于 0.1MPa(或 0.6MPa)时,采用塞式封堵方式。

2. 全自控管道停输时压力计算
- 看拟动火管道纵断图。
- 先标出动火位置点。
- 确定隔离区间。
- 停输管道全势能守恒。
- 计算相关压力控制点的压力值,使用式(4-2)和式(4-3)。
- 隔离区间两端外侧压力大于等于 0 时采用封堵。
- 根据全势能守恒,有:水头越大,压力越高;高程越高,压力越低;高程越低,压力越高。

第五章 输油管道动火施工及投产中的安全技术措施

第一节 动火作业区间管段内油气的膨胀与收缩

一、油气的膨胀

原油、成品油受热后,挥发性增强。当动火段输油管道抽完油后,残留在管底及管壁上的原油、成品油会产生挥发,形成一定浓度的油气。当油气达到爆炸浓度并遇到明火时,就有发生爆炸的危险。特别是在气温较高的环境中进行修口、组对(对管)、焊接时,由于震动,特别是高温,黄油墙容易发生裂隙或倒塌。由于温度高,迅速膨胀了的油气,通过产生了裂缝或倒塌的黄油墙扩散出来,遇到明火就容易发生爆炸的危险。这样的现象在以往的动火施工中屡见不鲜。

二、油气的收缩

若动火段的输油管道埋深较浅或裸露管段较长时,遇有低温环境,挥发膨胀了的油气会产生收缩,从而出现不同程度的负压(真空)。负压(真空)有时对挡板—囊式封堵产生较大的破坏。管线停输倒油时,也会产生不同程度的负压(真空),往往会造成更大的破坏,一定要引起足够的注意。

第二节 动火作业点防止油气膨胀、收缩和燃爆的措施

油气的膨胀和燃爆是动火施工过程中的高风险点,是安全防控的重中之重。关键措施是将油气与动火点隔离开来,使油气与明火完全不能接触,动火点的油气也就没有了燃爆的条件,从而保证了施工人员的人身安全,设备免遭破坏,环境得到了保护。目前隔离油气的主要方法有:黄油墙隔离法、黄泥墙隔离法、黄油囊隔离法、橡胶囊隔离法等。在诸多油气隔离方法中,橡胶囊隔离法既施工简便又能保证安全。下面就上述隔离法一一做简单介绍。

一、黄油墙隔离法

动火焊接时为了防止明火引燃油气,通常用黄油和滑石粉按比例搅拌均匀后,砌成墙状堵在要焊接的管口处,用来阻挡明火和油气的接触。人们习惯上把用黄油和滑石粉砌成的油气隔离墙称作"黄油墙"。黄油墙严密性较好且对管道输送介质和设施不产生负面影响;缺点是当遇到高温时,容易融化,产生裂缝直至倒塌,造成油气隔离失效,从而引爆油气。黄油墙因高温融化产生裂缝或倒塌,产生燃爆的例子过去时有发生,造成人身伤亡的例子也有。当遇有振动时,黄油墙也容易产生隙缝,使隔离失效,发生意外事故。动火口黄油墙砌筑方式如图5-1所示。

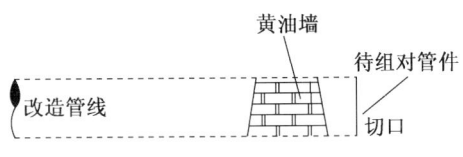

图 5-1 动火口黄油墙砌筑方式

二、黄泥墙隔离法

用质地细腻的黄泥砌墙也会起到阻隔油气的作用。黄泥墙的优点是强度高,遇热不倒塌;缺点是严密性不如黄油墙,且投产后黄泥都进入了管道,混入了油流中或流入储油罐等输油设施之中。对废弃管道的切口进行封闭动火时,采用此法最合适。黄泥墙既可就地取材,又不怕泥土进入废弃管内,既安全又经济。动火口黄泥墙砌筑方式如图 5-2 所示。

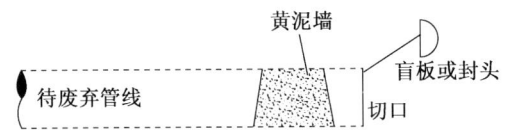

图 5-2 动火口黄泥墙砌筑方式

三、黄油囊隔离法

如前所述,黄油墙受温度、振动影响大,可靠性差。黄泥墙耐温性好,抗振性也比黄油墙好,但密封性和泥土随油流进入管道不尽人意。黄油囊具备了黄油墙和黄泥墙的优点,弥补了它们的不足,是比较理想的油气隔离措施。所谓黄油囊,就是在黄油墙后面加一个可以取出的橡胶囊,简称黄油囊。此时的黄油墙厚度可以比没有橡胶囊时减半。橡胶囊起密封、抗温、抗振动的作用,薄的黄油墙起防止焊渣烫伤胶囊的作用。动火口黄油囊的安装方式如图5-3所示。

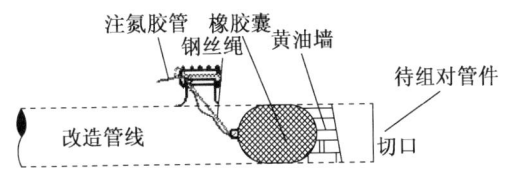

图5-3 动火口黄油囊安装方式

四、橡胶囊隔离法

前面介绍的黄油墙、黄泥墙和黄油囊都是起油气隔离作用的。如果只用橡胶囊进行油气隔离,功能与效果和黄油囊一致。如果将橡胶囊套上一个防火布袋就可以完全取代黄油囊,且操作更加简单,既安全又省时、省力、省钱。或者只更换防火布袋,使橡胶囊能够反复使用,动火口油气隔离橡胶囊安装方式如图5-4所示。

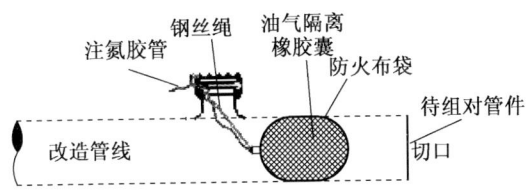

图5-4 动火口油气隔离橡胶囊安装方式

五、其他措施

动火施工时,如果没有黄油囊或安装黄油囊的距离不够的情况下,可采用以下措施解决:

(1)环境温度高时,在动火点处裸露油管上覆盖草袋子,不断进行洒水降温。

(2)尽量远离动火口,开一个 $DN50$ 的平衡孔。

(3)当平衡孔距离动火口太近时,在平衡孔内插一根有一定长度的橡胶管,将油气引出危险区域。

(4)黄油墙要相对厚一些,强度大一些。

六、目前黄油囊的橡胶囊存在的问题

当初东北输油管网动火施工中应用黄油囊时,由于没有开发出专门用于黄油囊的橡胶囊,是用封堵囊代替的。封堵囊又厚又重又硬,送囊和取囊的操作非常不方便。特别是封堵囊的体积大,可塑性不理想,结果就要开一个直径较大的取囊孔。取囊孔直径较大,不但开孔时间长,也给管道的堵孔及日后管理带来很多不便。研制开发一个专门用于油气隔离的橡胶囊,开孔直径大及日后管道管理不便的问题也就解决了。

七、工程应用实例分析

黄油囊隔离法在动火工程中应用很普遍。制作的基本原则是要保持橡胶囊和黄油墙之间"0"距离接触,没有任何缝隙,并且朝向待焊接的管口一侧,黄油墙在前面,橡胶囊紧贴其后。下面是工程中几个黄油囊做法的实例,它们都没有按黄油囊的定义去做,不但起不到安全保护作用,还会带来意外风险。

工程实例1:这是一个橡胶囊与黄油墙分离且橡胶囊安反了方向的例子(图5-5)。

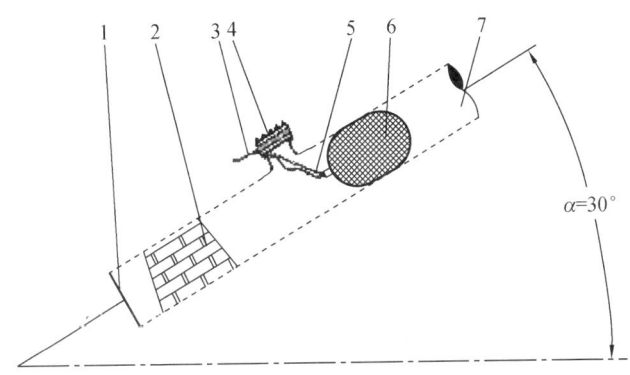

图5-5 错误安装1
1—切口;2—黄油墙;3—氮气管;4—取囊孔;5—取囊和固定囊用的钢丝绳;6—隔离囊;7—带30°倾角的改造管道

从图5-5中可以看出:

(1)黄油墙与橡胶囊分离,不符合黄油囊的定义。

(2)橡胶囊没有起到隔离切口处油气的作用。

(3)橡胶囊和黄油墙应同方向放置,不能反方向放置,且橡胶囊和黄油墙不能分离。

工程实例2:这是一个橡胶囊与黄油墙放置方向相同,但橡胶囊与黄油墙分离的例子(图5-6)。

从图5-6中可以看出:

(1)橡胶囊与黄油墙分离,不符合黄油囊定义。

(2)黄油墙与橡胶囊之间距离过长,它们之间的油气

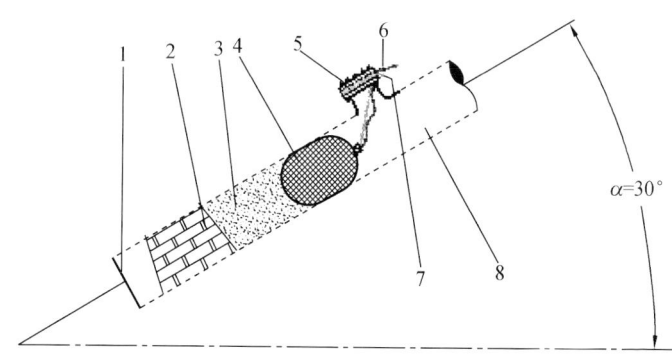

图 5-6 错误安装 2
1—切口；2—黄油墙；3—挥发气体；4—隔离囊；5—取囊孔；6—氮气管；
7—取囊和固定囊的钢丝绳；8—带倾角的改造管道

受热膨胀后，会在黄油墙和橡胶囊之间产生不利的推力。若因日晒、切割、打磨或修口的时间较长，黄油墙就有可能产生裂缝或倒塌，膨胀了的油气就会外泄，继而发生燃爆，造成事故。

（3）此例的副作用比实例 1 的危害性要大得多，比单独的黄油墙的风险有可能还要大。可以说是不当的做法，某种情况下这种做法制造了风险。

工程实例 3：此工程的正确安装 1（图 5-7）。

从图 5-7 可以看出正确做法是：

（1）黄油墙与橡胶囊连为一体，中间无缝隙。

（2）黄油墙与橡胶囊的方向一致。

（3）黄油墙朝向管口方向。

（4）黄油墙要砌薄。

（5）取囊的牵引钢丝绳固定在取囊口的法兰短接上。

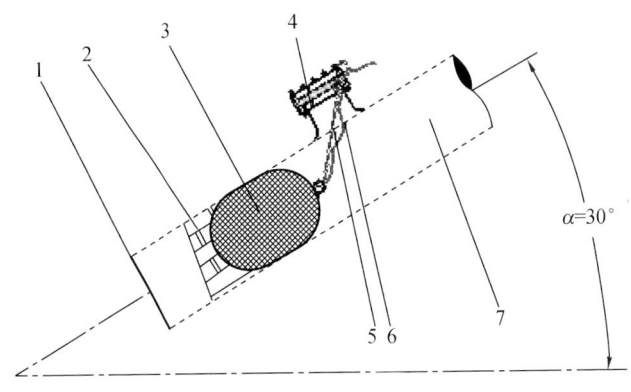

图 5-7 正确安装 1

1—切口;2—黄油墙;3—隔离囊;4—取囊孔;5—取囊和固定囊的钢丝绳;6—氮气管;7—带倾角的改造管道(2 与 3 结合称为黄油囊)

(6)取囊孔用法兰盖盖上,用黄油泥进行密封。

工程实例 4:此工程的正确安装 2(图 5-8)。

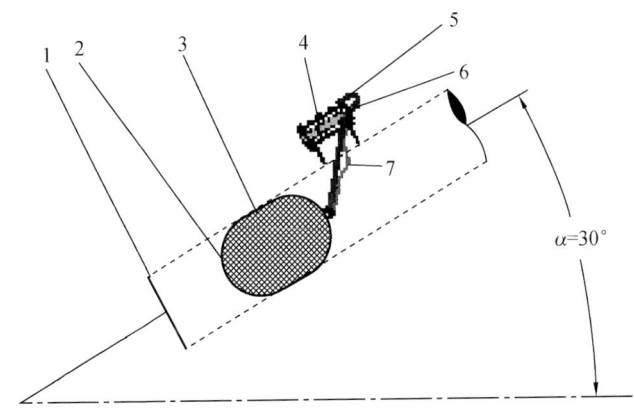

图 5-8 正确安装 2

1—切口;2—防火布袋;3—油气隔离胶囊;4—取囊孔;
5—取囊和固定囊的钢丝绳;6—黄油泥密封;7—氮气管

图5-8是橡胶囊隔离法的工程实例,比上述其他隔离方法都具优势:

(1)此方法去掉了黄油墙,进一步节省了施工时间和劳动强度;同时也节省了甘油、滑石粉等材料。

(2)橡胶囊隔离了油气、防止了油气膨胀的副作用。

(3)橡胶囊外套一个防火布袋,起到了防止橡胶囊被焊渣烫伤的作用,并减少了胶囊的磨损和防止橡胶囊涨破的风险。

综上所述,橡胶囊隔离法减少了工序,简化了操作,安全可靠,提倡在实际中推广。

八、黄油囊安装的通常步骤

结合图5-9看黄油囊安装的通常步骤:

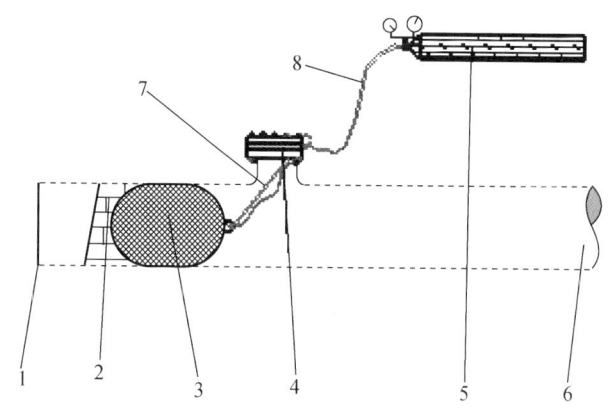

图5-9 黄油囊安装的通常步骤
1—切口;2—黄油墙;3—隔离囊;4—取囊孔;5—氮气瓶;
6—改造管道;7—取囊和固定囊用的钢丝绳;8—氮气管

(1)将待用橡胶囊检查并试压,确保完好,试压压力

【第五章】 输油管道动火施工及投产中的安全技术措施

为0.02MPa左右。

(2)拴上橡胶囊取囊钢丝绳及探杆,并将橡胶囊适当捆绑。

(3)将橡胶囊从刚断开的动火点管口处送入管内,囊的底端距管口不少于0.5m。

(4)从取囊孔取出钢丝绳后,拆下探杆,将钢丝绳栓牢在取囊孔的短接上。

(5)用氮气瓶向橡胶囊内充入氮气,压力在(0.05±0.005)MPa范围内。专人、专职稳压观察判断橡胶囊是否有泄漏。

(6)动火管口清理合格后,紧贴橡胶囊的底部砌一道薄的黄油墙。DN700管径的黄油墙底部约为300mm,上部约为200mm为宜。

(7)进行可燃气体检测。

(8)橡胶囊内压力稳定后判断严密性。经可燃气体检测合格后,用黄油泥密封取囊口的法兰盖。

(9)设专人监测氮气瓶压力。

- 黄油墙和橡胶囊之间不要有空隙,黄油墙只起保护橡胶囊不受焊渣烫伤的作用。
- 黄油墙不可过厚,能保护住橡胶囊即可。
- 橡胶囊要用钢丝绳牵引牢固,固定在取囊孔的短接上。

- 推荐使用带防火布袋的油气隔离囊。
- 焊接期间，橡胶囊充气瓶的压力要有专人、专职监管。

第三节 功 能 孔

正在使用的输油管道上，无论是进行塞式封堵作业、挡板—囊式封堵作业、折叠式封堵作业，还是抽油修复作业，都必不可少地要开若干个直径不等的孔。这些孔都有其特定功能和用途，把它们统称作"功能孔"。从安全角度讲，这些孔一个也不能少，当然多了也没有必要。下面分别介绍这些孔及其工艺布置。

一、塞式不停输封堵开孔及工艺布置

输油管道时常因为输油任务紧张而没有条件进行停输状态下的修复工程，这时就应选择塞式不停输封堵方式进行修复作业，它的优点是输油运行和故障修复两不误。下面分析塞式不停输封堵的开孔数量、规格和位置布置。塞式不停输封堵方式要成对配置，才能工作。

1. 塞式不停输封堵开孔数量及规格

以 DN700 管道为例：

（1）旁通孔。

数量：每台封堵器配一个，两边各一个，共二个；规格：DN300。

（2）封堵孔。

数量:每台封堵器配一个,两边各一个,共二个;规格:$DN700$。

(3)压力平衡孔。

数量:每台封堵器配一个,两边各一个,共二个;规格:$DN50$ 或 $DN100$。

(4)黄油囊孔。

数量:动火点带油侧管段靠管口处配一个,两侧带油管段各一个,共二个;规格:$DN300$。

(5)抽油孔。

数量:若干个;规格:$DN100$。

2. 塞式不停输封堵的工艺布置

塞式不停输封堵开孔数量、位置及工艺布置图如图5-10(a)所示,塞式不停输封堵一侧开孔局部放大图如图5-10(b)所示。

二、塞式停输封堵开孔及工艺布置

1. 塞式停输封堵开孔规格及单侧数量

塞式停输封堵与塞式不停输封堵的开孔区别是停输封堵没有旁通管线,并且不停输封堵的封堵器必须成对配置使用,而停输封堵可以单侧使用。下面就 $DN700$ 管线停输封堵单侧开孔数量及规格作简单说明:

(1)封堵孔。

数量:一个;规格:$DN700$。

(2)压力平衡孔。

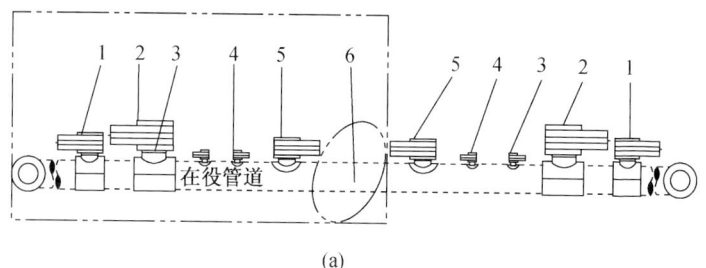

(a)

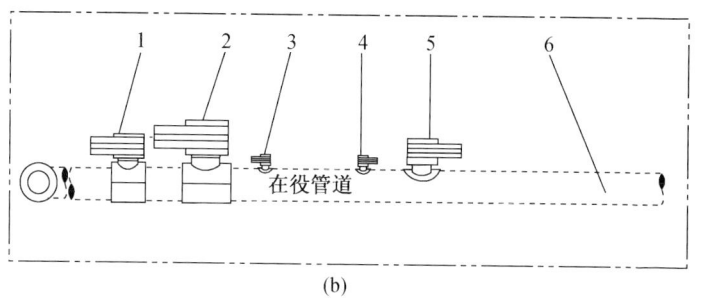

(b)

图5-10 塞式不停输封堵的工艺布置图
(a)塞式不停输封堵开孔数量、位置及工艺布置图；
(b)塞式不停输封堵一侧开孔局部放大图
1—旁通孔；2—下封堵头孔；3—压力平衡孔；4—抽油孔；
5—黄油囊孔；6—改造管道

数量：一个，与封堵器配套使用；规格：$DN50\sim DN100$。

(3)黄油囊孔。

数量：带油管口处一个；规格：$DN300$。

(4)抽油孔。

数量：若干个；规格：$DN100$。

2. 塞式停输封堵的工艺布置图

塞式停输封堵的工艺布置如图5-11所示。

【第五章】输油管道动火施工及投产中的安全技术措施

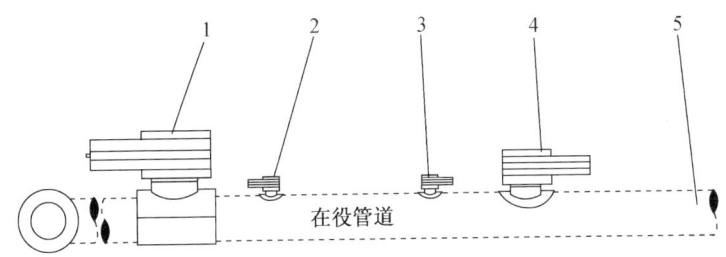

图5-11 塞式停输封堵的工艺布置图
1—下封堵头孔;2—压力平衡孔;3—抽油孔;
4—黄油囊孔;5—改造管道

三、挡板—囊式封堵开孔及工艺布置

挡板—囊式封堵的特点是封堵囊的受力,当封堵囊内压力大于封堵囊外压力时就能起到密封的"封"作用,但是起不到"堵"的作用。这是因为当管内液体产生的推力大于管壁与囊壁之间的摩擦力时,封堵囊就会移动。这时封堵囊只能起到密封的作用,而不能起到堵住油流的作用。为了防止封堵囊向动火口处移动,在封堵囊的端部加了一套挡板。由于挡板的承压能力有限,所以只能用于静压力低的管道。顾名思义,这套由密封囊和挡板组成的封堵装置称为"挡板—囊式封堵器"。从挡板—囊式封堵器的结构上可以看出,它只是一侧有挡板,所以只能阻挡封堵囊一个方向上的移动。这就是挡板—囊式封堵只能单方向受力的原因。

1. 挡板—囊式封堵(单封)开孔(单侧)数量及规格

当封堵段管内压力不小于零时,就可以进行挡板—囊式封堵。下面以 $DN700$ 管线(单侧、单封)为例,介绍进行挡板—囊式封堵时的开孔数量及规格(直径)。

(1)送取囊孔。

数量:一个;规格:$DN300$。

(2)挡板孔。

数量:一个;规格:$DN300$。

(3)黄油囊孔。

数量:一个;规格:$DN300$(橡胶囊改薄型后开孔直径可以改小)。

(4)抽油孔。

数量:若干个;规格:$DN100$。

2. 挡板—囊式单封堵开孔工艺布置图

挡板—囊式单封堵开孔工艺布置如图 5-12 所示。

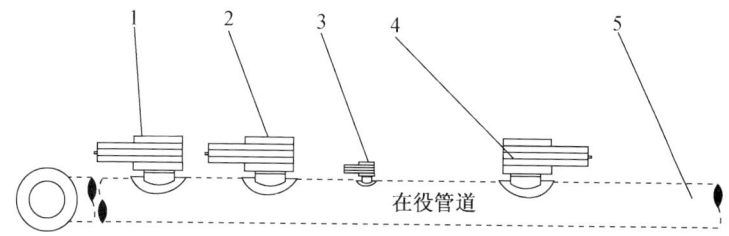

图 5-12 挡板—囊式单封堵开孔工艺布置图

1—送取囊孔;2—挡板孔;3—抽油孔;4—黄油囊孔;5—改造管道

四、正压变负压或可能出现负压时挡板—囊式封堵开孔的工艺布置

在进行挡板—囊式封堵时,由于只有单侧配有挡板,所以只能封住挡板和封堵囊相接触的这一侧。但是在实际停输操作中,往往因倒油、高差、温度变化等因素,在停输管段内产生由正压转变为负压现象。在封堵状态下,若无挡板侧由正压转变成负压时,封堵囊就会被真空吸到无挡板一侧,在真空作用下有可能将封堵囊拔掉并将送取囊的导向勺形板折断。所以在选择挡板—囊式封堵时,必须判断无挡板侧能否出现正压转成负压或有产生负压的趋势。如果能够产生正压转变成负压或有产生负压的趋势时,就必须有消除负压的措施。

(1) 正压转变成负压或可能出现负压时挡板—囊式封堵的开孔数量及孔径如下(以 $DN700$ 单侧单封为例)。

① 压力平衡孔。

数量:一个;规格:$DN50$;位置:位于没有安装挡板的一侧,与送囊方向相反。

② 送取囊孔。

数量:一个;规格:$DN300$。

③ 挡板孔。

数量:一个;规格:$DN300$。

④ 黄油囊孔。

数量:一个;规格:$DN300$(橡胶囊改成薄型后开孔直径可以改小)。

⑤ 抽油孔。

数量:若干个;规格:$DN100$。

(2)正压变负压或可能出现负压时挡板—囊式封堵开孔的工艺布置图(图5-13)。

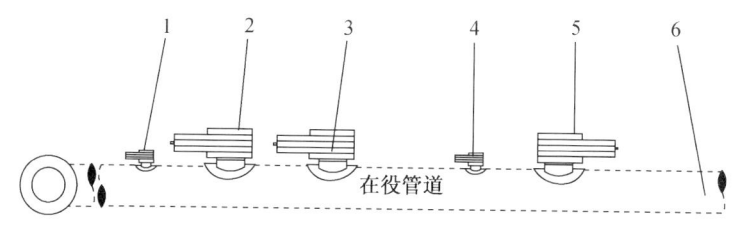

图5-13 正压变负压或可能出现负压时
挡板—囊式封堵开孔的工艺布置图
1—压力平衡孔;2—送取囊孔;3—挡板孔;4—溢流孔(抽油孔);
5—黄油囊孔;6—改造管道

五、折叠式封堵的开孔及工艺布置

折叠式封堵器承压低于塞式封堵器,高于挡板—囊式封堵器。挡板—囊式封堵器的优点折叠式封堵器全都具备,且折叠式封堵器比挡板—囊式封堵器少一套挡板装置,不怕负压,没有封堵囊刺破泄气的风险。因此建议在东北管道用折叠式封堵器取代挡板—囊式封堵器。

(1)下面以$DN700$管道为例说明进行单侧单封折叠式封堵作业时的开孔数量及规格。

① 封堵孔。

数量:一个;规格:$DN400$。

② 平衡孔。

数量:一个;规格:DN50~100。

③ 黄油囊孔。

数量:一个;规格:DN300(黄油囊的橡胶囊改进后,孔径可减小到DN100左右)。

④ 抽油孔。

数量:若干;规格:DN100。

(2)折叠式封堵作业工艺布置示意图如图5-14所示,折叠式封堵开孔工艺布置图如图5-15所示。

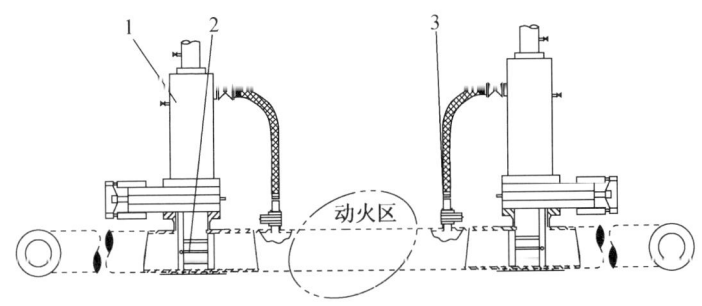

图5-14 折叠式封堵作业示意图

1—折叠式封堵器;2—折叠封堵头;3—压力平衡孔

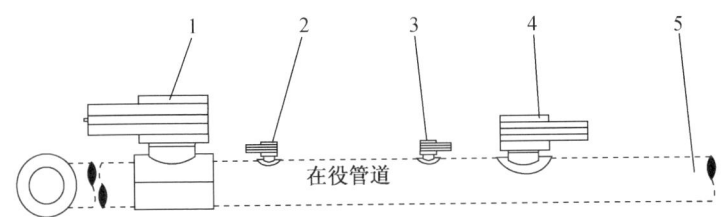

图5-15 折叠式封堵开孔工艺布置图

1—封堵孔;2—压力平衡孔;3—抽油孔;4—黄油囊孔;5—改造管道

六、功能孔的功用

在有油的管道上进行封堵、抽油、切管、安装黄油囊等作业时,都必须先开孔才能开展后续作业。这些孔统称为"功能孔",下面分别介绍这些孔的功用和开孔位置。

1. 抽油孔

(1)功用:用于抽取管内的原油或成品油。

(2)位置:有封堵时必须设在封堵段内,并设在此管段的最低处,尽量开在废弃管段上。当不设封堵时,抽油孔也应设在抽油段的低处。

2. 平衡孔

(1)功用:用于平衡压力。塞式封堵时,当动火施工作业完成后,必须先用此孔平衡封堵头前后压力,才能提起封堵头,从而恢复管道运行。挡板—囊式封堵的平衡孔用于消除负压。当出现负压时,把此孔打开,连通大气,消除负压。它只是无挡板侧在操作过程中会出现由正压转变成负压或有可能出现负压时才配置。

(2)位置:塞式封堵的平衡孔位于靠封堵头的一侧,也就是动火点一侧。挡板—囊式封堵的平衡孔位置位于与送囊方向相反的一侧,也就是没有挡板的一侧。

3. 溢流孔

(1)功用:当没有把握确认封堵的可靠性时,为了防止封堵万一不严密,发生渗漏时,用泵抽封堵器渗漏的原油、成品油,使动火作业不会因封堵不严而中断,直至动

【第五章】 输油管道动火施工及投产中的安全技术措施

火施工焊接全部完成。此孔常常与抽油孔共用实现防渗漏和抽油两不误。

(2)位置:位于封堵点和黄油囊之间,管段若有倾斜取它们之间的最低处。

4. 黄油囊孔

(1)功用:焊接完成后用于取出黄油囊的橡胶囊,兼固定牵引橡胶囊的钢丝绳。

(2)位置:靠近动火的管口处。

5. 排气孔

(1)功用:用于焊接完成后,进行通油排气。

(2)位置:两侧都是塞式封堵时,位于封堵区间的高点。压力平衡时来油就可将动完火的空管段气体置换排出。当一侧是塞式封堵,另一侧是挡板—囊式封堵时,排气孔不仅在封堵段上应该有,更重要的是挡板—囊式封堵撤除后动火作业区间的高点处更应该排气。

● 输油管道改造或维抢修作业时,开好足够的孔是施工速度和安全的重要保证。

● 挡板—囊式封堵时当封堵囊的外侧压力有可能由正压转成压负时,要开平衡孔,否则就有掉"勺子"、掉囊等现象发生。

● 折叠式封堵器全面优于挡板—囊式封堵器,在东北管网,折叠式封堵器应该全面取代挡板—囊式封堵器。

第四节　更换长距离管道时的快速抽油与切管

过去,当遇到停输更换穿越河流、村庄、城镇等长距离的管道时,感到很麻烦。因为动火连头时,必须先将几公里乃至几十公里管道里的原油先抽出来,然后才能切管动火。动火现场抽油既费时又费力,有时要抽几个小时甚至十几个小时。大庆原油等高凝点原油停输动火,必须当天完成,否则就有凝管风险。长距离输油管道停输动火如何快速抽油事关动火的质量、速度与成败,所以必须采用新的工艺方法,解决长距离管道停输动火时,要将动火管线内的油抽空后,才能进行切管动火的矛盾(图5-16)。

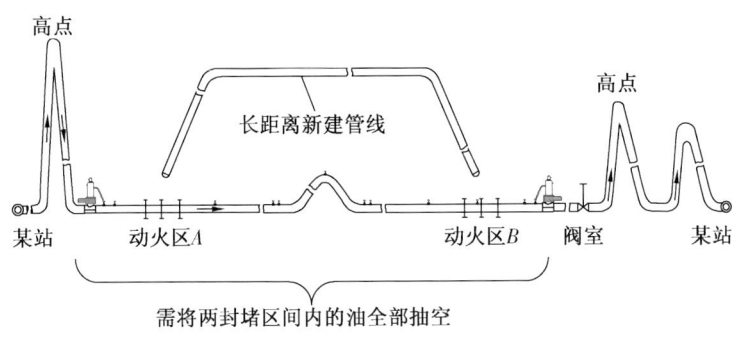

图5-16　原来更换长距离管道封堵示意图

可以看出,矛盾的焦点是如何将切管、动火与整段管子的抽油分割开来,以达到抽油作业与动火作业互不干扰的目的。无论待抽油管段有多长,油量有多大,也不能

【第五章】 输油管道动火施工及投产中的安全技术措施

影响切管和动火的进程,这就是新做法的基本思路。

新做法的内容及步骤为:

(1)停输。

(2)将要更换管道的两边动火点外侧进行封堵。

(3)在距离边端封堵器内侧20m左右的距离以内,两处封堵点再各加一套挡板—囊式封堵或折叠式封堵器,从而实现将切口处原油与整段管子原油完全隔离开来。由于动火点切口处被两道封堵器隔离出来的管段只有20m左右,油量很少。理想状态下,切口处管存的原油、成品油10余分钟就可以被抽干净,达到开始切管的条件。被隔离开的另一较长管段可以单独进行抽油,与动火作业无关。

(4)新做法将动火施工管段和废弃管段隔离开来,分别进行抽油。由于程序上互不干扰,这样就达到了动火抽油两不误。

(5)更换长距离管段封堵及快速抽油切管方法见图5-17和图5-18。

- 所谓快速抽油法,是指用封堵手段将动火点和整段要抽油的管子隔离开来,实现切管、动火与抽油互不影响,从而加快了动火速度。

- 为了达到抽油10min后就能切管,要把动火口处干线封堵和隔离抽油封堵之间的距离控制在约20m之内。

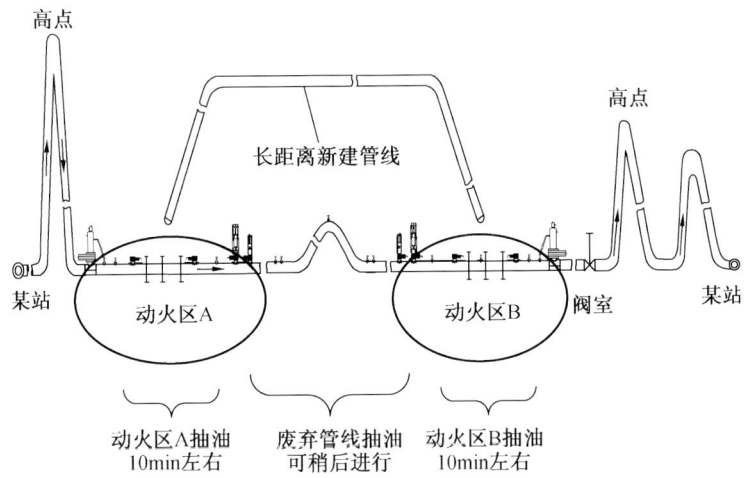

图 5-17 更换长距离管段封堵示意图

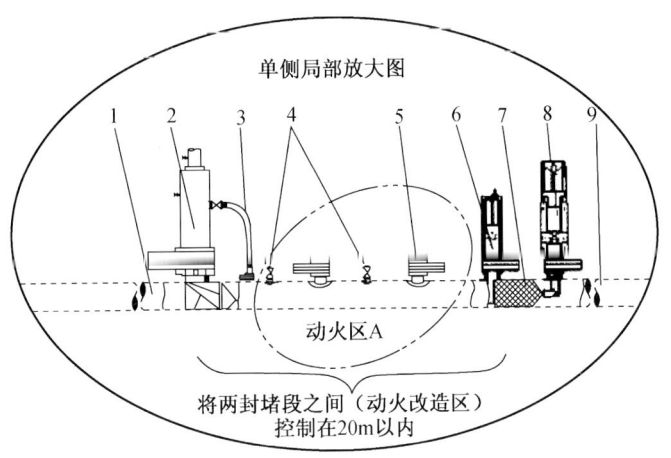

图 5-18 快速抽油切管法示意图

1—在役管道；2—塞式封堵器；3—平衡孔；4—抽油孔；5—黄油囊；
6—挡板装置；7—封堵囊；8—送取囊装置；9—废弃管线

第五节　防　止　夹　刀

切管过程中,常常发生夹刀、打刀掉齿等故障,影响切管速度。这些故障大都是由于钢制管道在敷设、焊接施工中产生的一些应力引起的。事先判断管道存在的应力类型,有的放矢地采取应对措施,就可避免夹刀、打刀或减轻夹刀程度。

1. 夹刀可能性判断

夹刀的可能性主要是判断切管处有无压应力,如果有,就会不同程度地产生夹刀。从现象看,主要应注意以下几点:

(1)查阅管道建设时的施工季节,判断动火处管子是伸长还是缩短。

(2)看动火处地形及管子埋设空间状况,判断有无安装时的安装应力。

2. 预防措施

(1)增加动火段管道切口的数量,用于增加应力释放空间(图5-19)。

(2)在切管机刀具的选择和进刀深度上进行调节。

(3)选择大功率的切管机,如液压切管机。

(4)选用钻铣头重型分瓣式液压切管机,可有效解决夹刀问题(图5-20、图5-21)。

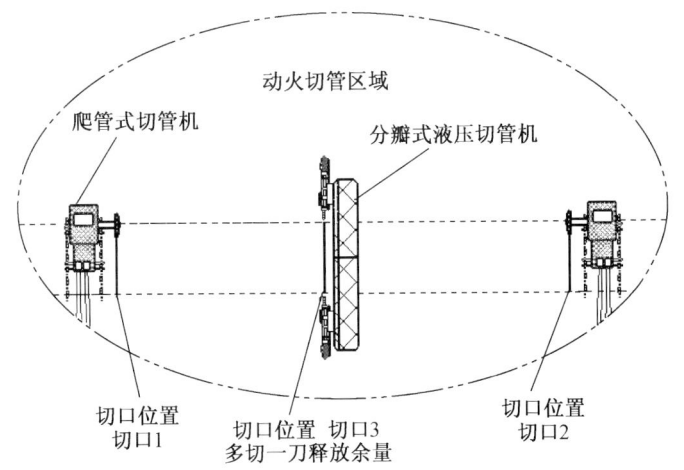

图 5-19　增加动火段管道切口的数量

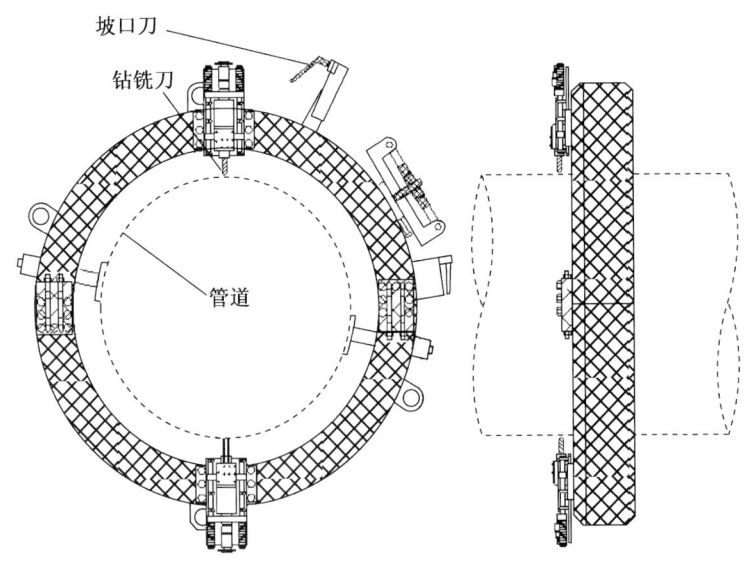

图 5-20　钻铣头重型分瓣式液压切管机

【第五章】 输油管道动火施工及投产中的安全技术措施

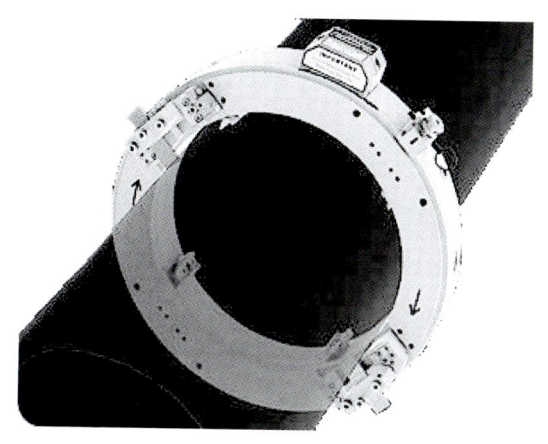

图 5-21　钻铣头重型分瓣式切管机轴视图

（5）当管子切断后，仍受挤压不能自落时，宜用挖沟机进行推、拉、压。不要用人或其他工具撬动，容易造成伤害事故。

- 多一道切口，释放一定的夹刀量（附图1）。
- 选用钻铣头重型分瓣式液压切管机，切刀使用钻铣头式，既能防止夹刀，又能快速切管。
- 挖沟机就是"工地机械手"。

第六节　对管（组对）

新建设管道的对管（组对）可以方便地使用效率很高的内对口器。动火管道受条件限制，几乎全部借助外对口器手工对管(组对)。这样对管(组对),顺利时几十分钟就可完成,角度偏差较大时,几个小时也不一定对接合格。对管(组对)的快慢成了制约动火速度的关键因素。

一、对管(组对)困难的原因

造成对管(组对)困难的原因大致如下:

(1)动火设计依据的在役管道原始图纸所标数据与现场开挖出来的管道实际角度不符。

(2)要对接的新敷设管道出土角度与图纸不符。

(3)在役管道开挖或断开后,周围约束发生变化,产生位移。

(4)原在役管道在建设或修理时,存在较大的安装应力或因季节因素等管子切断后,发生位移。

二、解决对管(组对)困难的措施

(1)输油站外的在役管道与新建管道动火连头对管(组对)时,应将新建管道从出土端重新挖开,挖开大约4根管子的长度或更长。目的是使要对管(组对)的两条管线中新建的那一条管线"柔性化",实现管道"柔性"对接(图5-22和图5-23)。

(2)如有条件,要动火连接的两根管子分别从动火点开始沿各自管线挖开4根管子的长度,这时对管(组对)效果会更理想。(图5-24)。

【第五章】 输油管道动火施工及投产中的安全技术措施

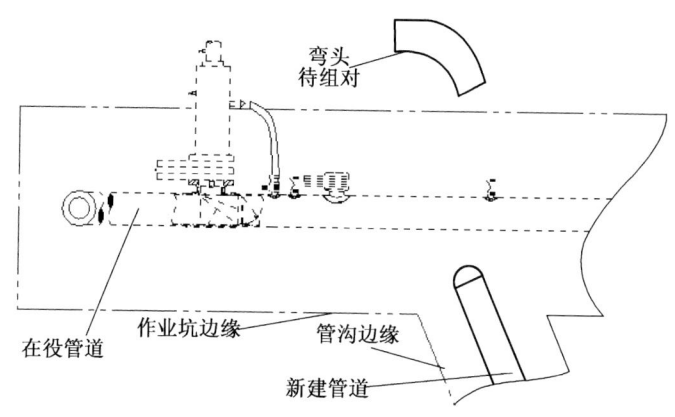

图 5-22 对管作业示意图(组对困难)

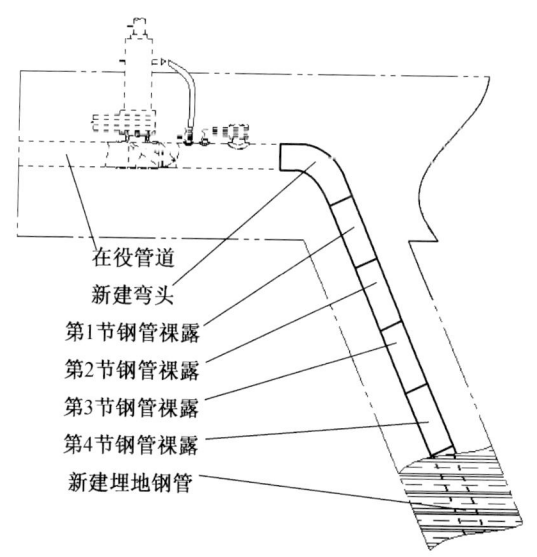

图 5-23 对管作业示意图(组对容易)

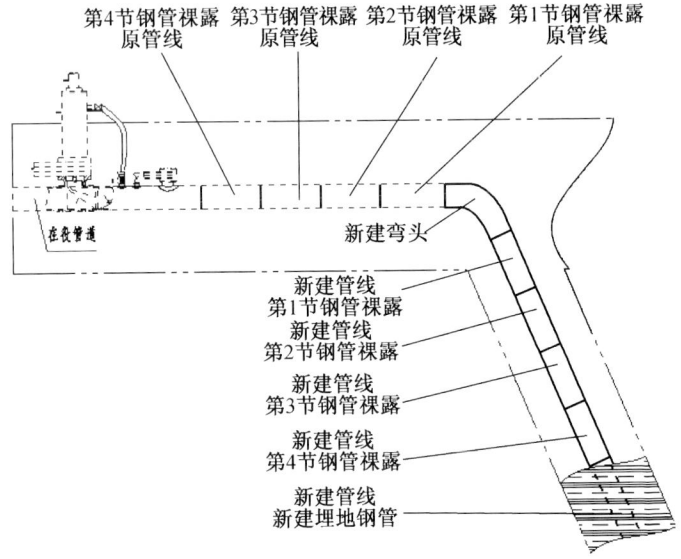

图5-24 两头都挖开对管作业示意图(更易组对)

(3)当直管段对管(组对)困难时,可将要接上去的那段管子改成二段连接,用以调节角度的偏差。当然最短的管段长度要符合规范。

(4)在役管道的实际状况与图纸一致时,为了防止开挖后产生位移,可以事先在管道上打一个固定墩进行固定(图5-25)。

(5)直管段受损更换修复时,可采用无需对管(组对)技术的管道连接器进行连接,解决了动火管道对口难的问题。

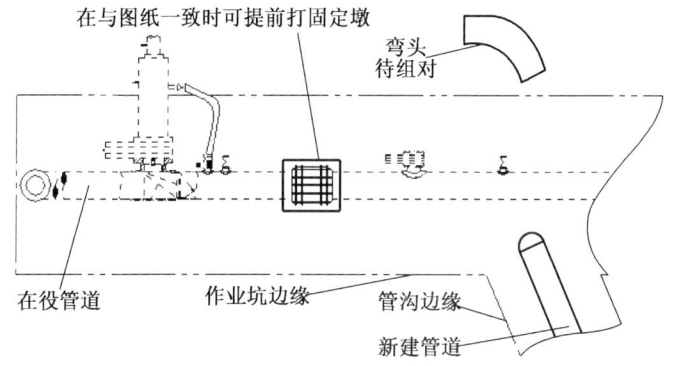

图 5-25 实际与图纸一致时可打固定墩(防止位移)

- 解除土壤对管道的约束,变刚性连接为"柔性连接"。
- 挖开待连接管道 4 根管子的长度或更长,就可以解决对管(组对)困难的问题。
- 要连接的两条管线都各自挖开 4 根管子的长度,对管(组对)会更容易。
- 直管段对管(组对),可采用管道连接器进行连接,实现无需管工也可快速、高质量对管(组对)连接。
- 重新穿河流或其他管道改线建设时,要严格监管新建管道的出土端,使其符合图纸要求,以便减轻后续对管难度。

第七节 废弃管道残油的回收

废弃管道残油的回收不受动火进度的影响,可单独进行,回收管内残油通常采用用泵抽和气体吹球推扫。

一、用泵回收

用泵回收管道内残留原油或成品油时大体有以下步骤：

(1) 先测量出废弃管道区间的纵断面详图(图5-26)。

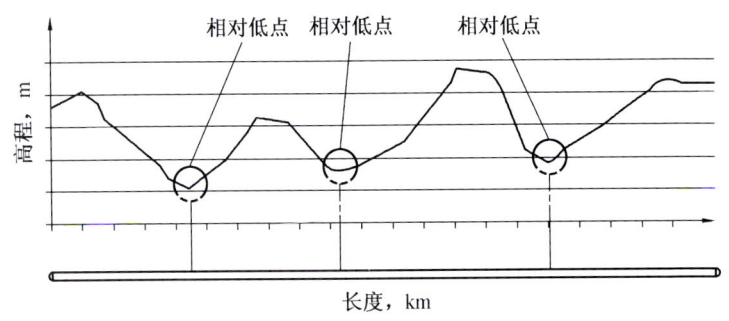

图5-26　某废弃管道区间的纵断面详图

(2) 根据纵断面详图确定扫线油流流向和抽油点。

(3) 波浪式起伏埋设管道要设多处抽油点。

(4) 大庆、吉林等黏稠油可用罗茨泵抽扫。

(5) 俄油、轻质油使用汽柴油专用泵抽出。

二、氮气吹球推扫

用泵回收管道内残油时，由于受地形、泵的吸入能力、油量多少、黏稠度等因素影响，往往无法回收干净，不同程度地留有残油。为了回收干净，不留残油，还需要再用气体推动清管球清扫一遍，也可完全不用泵抽残油直接用气体吹球推扫。大庆、吉林原油可用空气吹球推扫；

俄罗斯原油、轻质油要用氮气吹球推扫;当然大庆、吉林原油用氮气吹球推扫会更安全,但也会相应增大工作量和成本。用氮气吹球推扫(图5-27)大体有以下步骤:

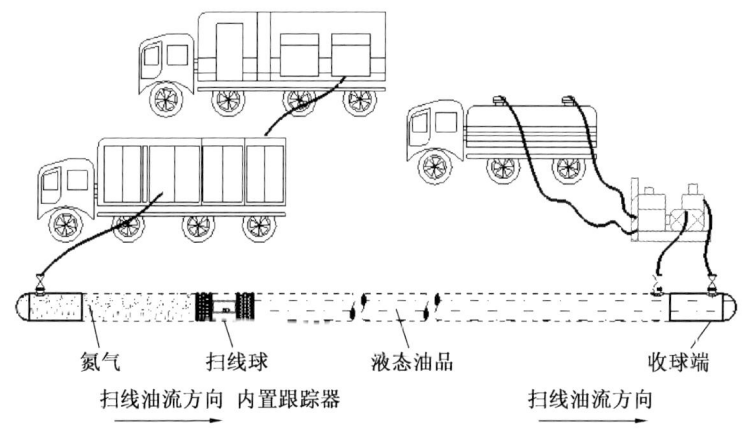

图5-27 废弃管线氮气吹扫示意图

(1)先测量出废弃管道区间的纵断面详图。

(2)根据纵断面详图确定扫线的油流流向、发球点位置以及充气点位置。

(3)氮气推球扫油。

(4)氮气吹扫和泵抽可联合进行。

(5)收发球筒都可以用带封头的直管段代替。

● 用泵抽油时,要现场测量抽油段纵断面详图,以此确定油流流向、抽油点、注气点等,还要根据油的物性选择抽油泵。

- 氮气吹球推扫,不用专用的收发球筒,用带封头的直管代替即可。

第八节 常压堵孔

动火点的焊口全部焊接完成并焊缝检测合格后,特别强调要先堵孔,而后通油排气。如果先通油后堵孔就形成了带压作业,增加了堵孔难度。带压堵孔,容易发生丝堵、堵帽脱扣,塞堵不到位等故障,造成"跑油"等事故,甚至导致封堵失败。解决办法为:

(1)通油排气之前,凡是能堵的孔务必都在常压下堵好。

(2)两侧都是塞式封堵时,排气孔见油后先关闭排气阀,再关闭进油阀。进油阀关闭后,静止一会儿,打开排气阀,卸掉管内残留气体和压力,使刚刚充满油的管道降为常压后,再进行常压堵孔。

(3)除了封堵油流的封堵孔外,其他可以堵的孔全部都要堵好,接着继续充油,间歇排放残留气体,直至管道充满油为止。

(4)下塞堵时注意开孔弧板的短轴要与管道轴线重合(也就是原样送回),以免影响后期的管道通球;同时开孔弧板周边还要用火焊进行适当切割,使弧板外径比开孔孔径小10~20mm,保证弧板能够顺利送回原位。图5-28所示为堵塞弧板尺寸。

【第五章】 输油管道动火施工及投产中的安全技术措施

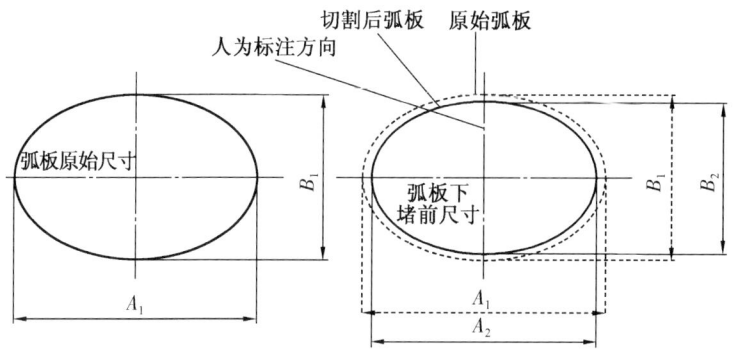

图 5-28 堵塞弧板尺寸

A_1—弧板原始长度；A_2—弧板切割后的长度；
B_1—弧板原始宽度；B_2—弧板切割后的宽度

● 充油排气之前，在常压下，要先将能堵的孔全部堵好，常压堵孔事半功倍，安全省事。

第九节 联通、开孔、修补的其他方式

一、管道的不动火联通

两条管道进行工艺联通时，就是保持两条管线的各自完整，但一条管道内的介质可以通过第三条联通线流入另一条管道。这种情况下，可以不用动火就能实现两条管线内介质的联通（图5-29），做法如下：

(1) 在要联通的两条管道上，焊接安装阀门的短接，试压合格后，把阀门安装好。

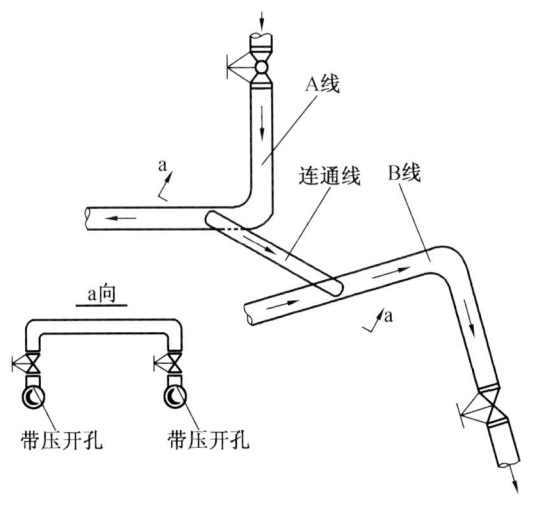

图 5-29 管道不动火联通图

(2)在安装好的两个阀门上带压开孔,取出弧板后,将阀门关严。

(3)用法兰和管子连接两个阀门。

(4)打开阀门通油。

● 只要求介质工艺联通的管道,都可以不用动火,用此法进行联通。一般来说,普通的阀门都要预先经过扩径打磨,以保证开孔刀能顺利通过。

二、管道的不对管(不对口)快速连接

应用管道连接器可以实现管道的不对管(对口)快速

【第五章】 输油管道动火施工及投产中的安全技术措施

连接,如图 5-30 所示。它解决了对管难、费时间的难题。管道快速连接器有两种,一种是带有密封的(图 5-31),另一种是不带密封的(图 5-32),下面分别进行介绍。

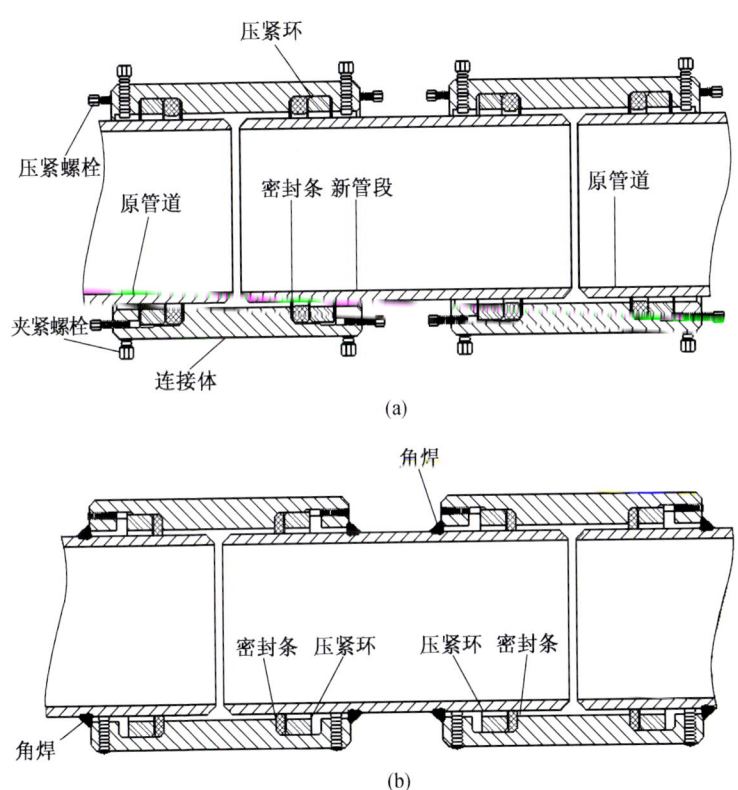

图 5-30 应用连管器进行不对管(不对口)连接管道示意图
(a)焊接前;(b)焊接后

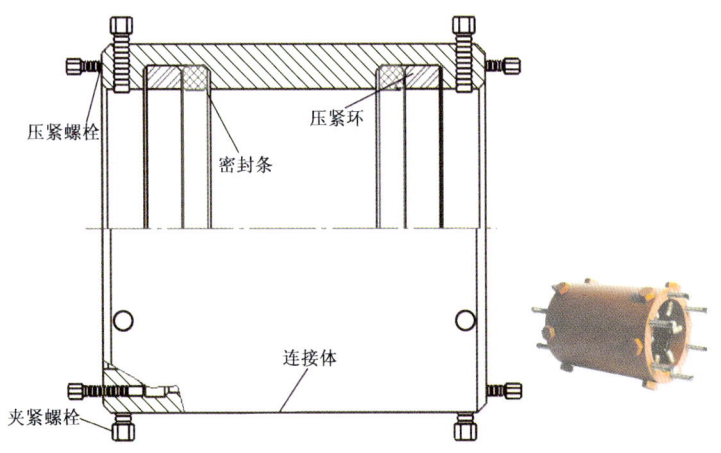

图 5-31　带密封的管道快速连管器

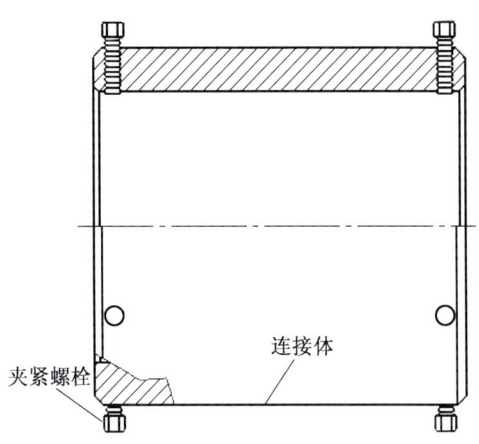

图 5-32　不带密封的管道快速连管器

1. 不带密封的管道快速连管器

当两根管子对接时,如果一根固定或两根都固定,且角度稍有不符,想很快对出合格的焊口是相当不容易的事情。如果把"对接"改成"套接",那么复杂的问题就简单化了,大体要求如下:

(1)两根需要连接的管道管口无需进行修口等处理。

(2)事先选好与管径相配的连管器。先套入一根管子,再以此管子做导向管,套住另一根管子。

(3)用连管器两端自带的外对口器进行连管器与管道的间隙调整,间隙调整合格后进行焊接。

(4)取下连管器两端的对开式外对口器后,继续进行两端面完全封闭焊接。焊接完成后,按程序进行焊缝检测,合格后即可通油排气。

2. 带密封的管道快速连管器

带密封的管道快速连管器与不带密封的管道快速连管器在使用上的主要区别是带密封的连管器连好管道后,用可燃气体探测器检测,确认密封可靠后,不用先焊接而是先在低压力下通油排气,低压力下通油正常后再实施完全封闭焊接。管子焊接合格后恢复正常输油。不带密封的管道快速连管器是用连管器连好管子两端后先完全封闭焊接,焊好后再通油排气。安装要求大体如下:

(1)应用管道连接器进行管道连头,无须对管道的端部作其他特殊预制。

(2)当夹紧螺栓和压紧螺栓被旋紧到位后,两管道端部被安全地连接到一起(非锚固状态),同时实现了管道内外间的密封。此时管道应在低压力下恢复运行,一要确认无泄漏,二要确认管道内的空气已排空或已被置换,再对管道连管器与管道及螺栓实施完全封闭焊接(锚固状态),再恢复到工作压力下的正常运行。

(3)在使用带密封的连管器时,连管器安装合格后,不要先通油而是先将连管器两端面和管道焊接好后再通油,这样既安全又省略了黄油囊。

(4)施工前应预先在管端局部的密封部位将焊缝打磨平,以保证密封严密。

注意要点

- 带密封的管道快速连管器简便、可靠,省略了安装黄油囊、修口、"碰死口"等难度大的工序。应用范围大都是直管段的对管连接,带密封的管道快速连管器应在实际中推广应用。

- 带密封的连管器安装合格后,不要按产品说明书的要求先通油而是改为先焊接,焊好后再通油,这样既安全又省略了黄油囊。

- 无密封管道快速连管器省去了修口工序,解决了对管难的难题,在实际应用中也应推广无密封管道快速连管器。

- 使用两种连管器对管连接时,也要尽可能将被连接的两根管子挖开4根管长,以便管子的另一端也能够较顺利地插入连管器内。

三、无焊接开孔

有些事故修复作业现场既禁止明火作业又需要在液

【第五章】 输油管道动火施工及投产中的安全技术措施

体管道上开孔时,可选用无焊接开孔技术。无焊接开孔短接结构图、组装图分别如图5-33、图5-34所示,其做法为:

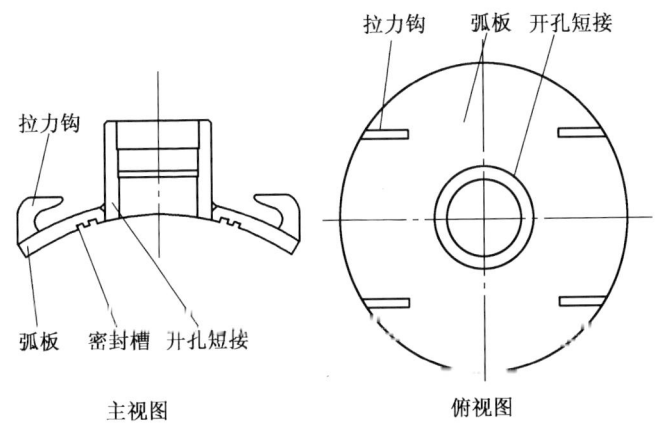

图5-33 无焊接开孔短接结构图

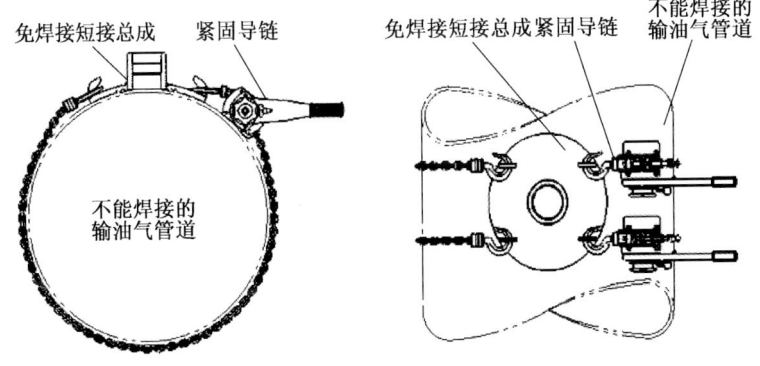

图5-34 无焊接开孔短接组装图

(1)在可以动火的环境中,按图纸要求预先制作开孔短接、开孔加强弧板,并组装焊接成开孔组件,再运到不允许动火的施工现场。

(2)用橡胶环形板或密封条衬在弧板组件和开孔管道之间,然后用链条锁紧器将开孔组件牢牢固定在开孔点上。

(3)开孔时,边开孔边用水降温。

四、无焊接带压开孔封堵

当发生事故后,有的场合需要进行封堵作业修复,但事故现场有可能既禁止明火作业又需要在液体管道上带压开孔封堵,这时可选用无焊接带压封堵技术。无焊接封堵的做法:

(1)无焊接带压开孔三通夹具用于封堵作业时,应设置夹持区域,防止安装封堵器时三通夹具活动。无焊接等径封堵三通[图5-35(a)]适用于塞式封堵,无焊接异径封堵三通[图5-35(b)]适用于挡板—囊式封堵和折叠式封堵。

(2)该夹具安装速度快,只需紧固螺栓后就可安装开孔机进行水压试验,安装试压合格后即可开始进行开孔及封堵作业。

(3)如果条件允许,该夹具可以永久地保留在管线上。

(4)开孔时,边开孔边用水降温。

【第五章】 输油管道动火施工及投产中的安全技术措施

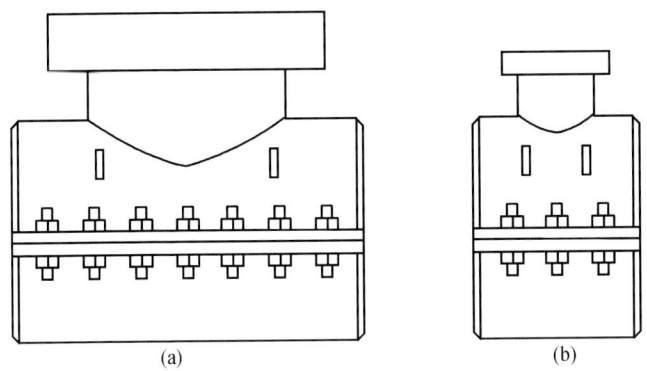

图 5-35 无焊接封堵三通
(a)无焊接等径封堵三通；(b)无焊接异径封堵三通

五、无焊接修补

运行管道因腐蚀、外力碰伤等原因，发生泄漏时，如果管子椭圆度变化不大，也可不用焊接进行修补，用夹具进行修补。夹具主要分为等径夹具和变径夹具。变径夹具比等径夹具更具有优势。管壁泄漏并有一定变形，推荐和提倡使用变径夹具进行修复。

1. 等径夹具与变径夹具

等径夹具与变径夹具结构如图 5-36、图 5-37 所示。

2. 其他抢维修夹具

其他抢维修夹具如图 5-38 至图 5-46 所示。

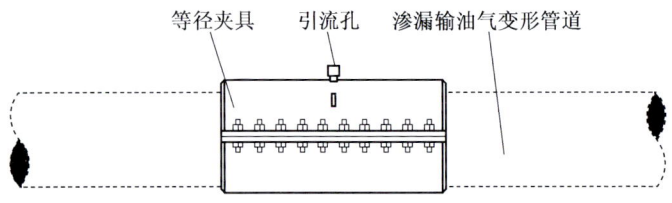

图 5-36　等径夹具结构

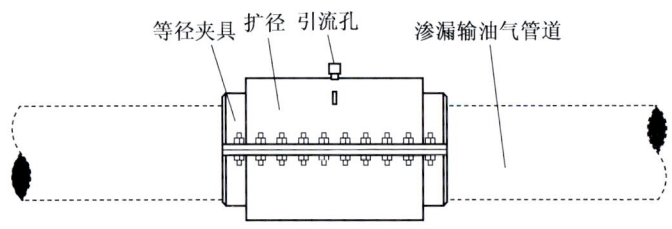

图 5-37　变径夹具结构

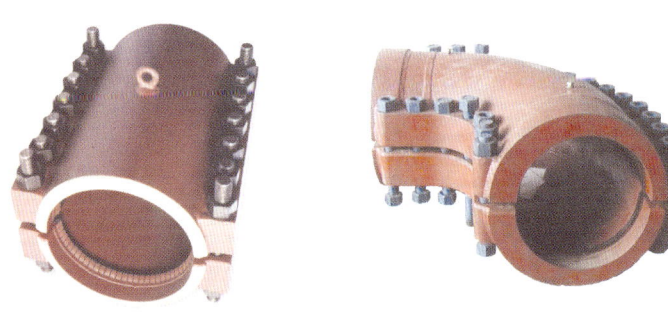

图 5-38　耦合式直管堵漏夹具　　图 5-39　耦合式弯头堵漏夹具

【第五章】 输油管道动火施工及投产中的安全技术措施

图 5-40 法兰堵漏环

图 5-41 链轨式夹具

图 5-42 补板式夹具

图 5-43 无焊接法兰连接器

注：无焊接法兰连接器为一端连接直管，一端与法兰端面设备连接。

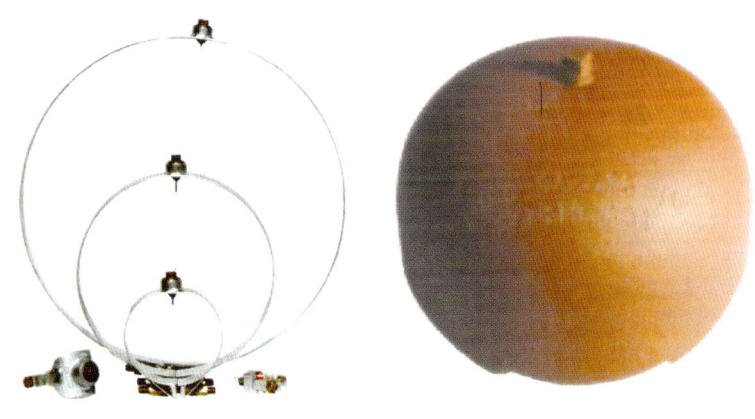

图 5-44　针式堵漏夹具　　　图 5-45　封头式夹具

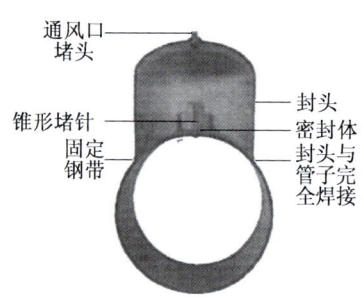

图 5-46　针孔式夹具与封头夹具结合

六、变径焊接快速夹紧夹具修补

上述讨论了诸多抢修修复办法,各有优缺点。在事故抢修中,特别强调如何快速修复,快速恢复运行,防止环境污染扩大。变径焊接快速夹紧夹具修复法特别适合

【第五章】 输油管道动火施工及投产中的安全技术措施

抢修的要求。变径焊接快速夹紧夹具(图5-47)就是把全部由螺栓夹紧的夹具和全部焊接的夹具及变径夹具这三种夹具的优点集中在一起,设计成一种新的夹具。这种夹具克服了原来夹具焊接量大,变形适应性差,卡紧过程容易发生泄漏等缺陷,是管道事故抢修的首选工具和方法。

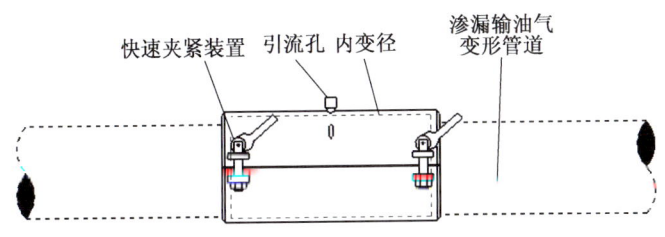

图5-47 变径焊接快速夹紧夹具

七、注胶夹具修补

注胶夹具是将对开夹具夹紧管道后,注入快速固化的密封粘接剂。密封粘接剂将夹具与管道之间的间隙密封,并与待修复管道快速,牢固地粘合成一体,从而实现缺陷管道的修复。

注意要点:

● 打孔盗油多用封头式夹具修复,俗称"扣帽子"。

● 修复垂直向上的盗油孔时,通常做法是先用杨木或松木楔子,临时钉在盗油孔上使其不再泄漏,然后将帽子扣上,焊接修复。封头式夹具也可以与针孔式夹具结合使用。

- 管道发生漏油等意外事故时,抢修方法中要首选变径焊接快速夹紧夹具。
- 当夹具不起作用时,才会考虑是否应用封堵器进行封堵修复。

第六章　动火作业区的风险识别与风险控制

动火作业的风险,一般来说,都发生在动火作业区范围内。识别作业区内的风险,针对性地制定防控措施,可有效防范事故发生,保证动火作业的安全。

动火作业区内的风险大体归纳为作业环境风险、施工操作风险、介质泄漏及油气燃爆风险等,具体风险点如下:

(1)作业坑内跑油。
(2)动火时可燃气体爆炸。
(3)作业坑塌方伤人。
(4)工具机具伤人。
(5)电气伤人。
(6)吊装物跌落。
(7)吊车(起重机)触高压线。
(8)吊车(起重机)旋转伤人。
(9)吊车(起重机)倾倒。
(10)装卸车事故。
(11)作业人员跌落。
(12)自然灾害等。

上述风险的种种表现都发生在动火作业区范围内,无论直接还是间接都与作业环境有关。如果作业环境规范了,那么作业区风险也就控制了百分之八九十。

● 控制作业区内风险最主要着眼点之一就是从整治作业区环境和遵守操作规程入手。

第一节 作 业 坑

传统的作业坑在开挖时,将土直接堆放在作业坑边的四周,坑边四周没有专门的作业通道和设备摆放场地。没有专门的作业通道,作业人员行走不便,随时有跌落坑内的风险。没有专门的设备摆放场地,设备大多摆放在土坡上,当受到刮碰时,容易滚落坑内砸伤人员或设备,还时有造成跑油的风险。重新定义作业坑,规范作业坑的技术要求是作业区防范风险的最根本的措施之一。

作业坑俯视图与剖面图如图6-1与图6-2所示,技术要求为:

(1)作业坑边沿四周1.5m范围内,不能堆放坑土,或只能将坑土堆放在一侧(附图2)。沿作业坑四周修成1.5m宽的环形作业通道(附图3)。

(2)作业通道只供作业人员行走,不准摆放任何物件。

(3)进出坑内的胶管、电缆等必须埋在通道下面的土里,保障通道无障碍通行(附图4)。

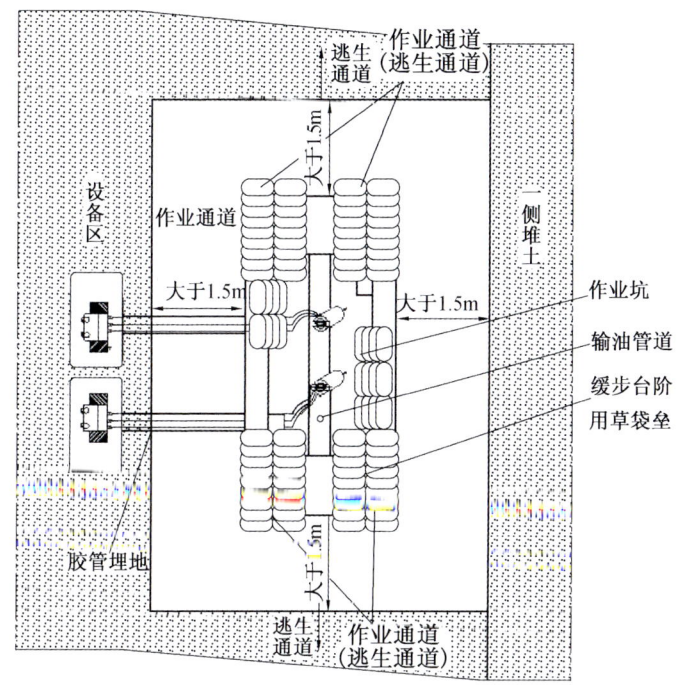

图 6-1 作业坑俯视图

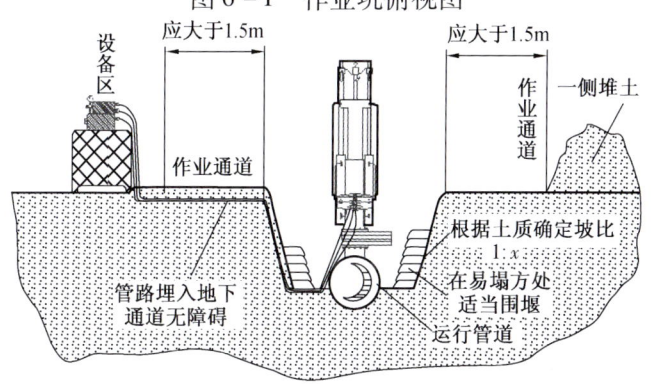

图 6-2 作业坑剖面图

第二节　作业坑逃生通道

顾名思义,作业坑逃生通道就是当在作业坑内作业发生事故时,作业人员用于逃生的道路。便于作业人员发生情况时快速疏散,应至少沿管道轴向开通两条,见附图5至附图7。逃生通道也是作业人员进出作业坑的道路。有条件时,可以多开通几条,方便进出坑内作业和发生事故时逃生。作业坑逃生通道俯视图与剖面图分别如图6-3和图6-4所示。

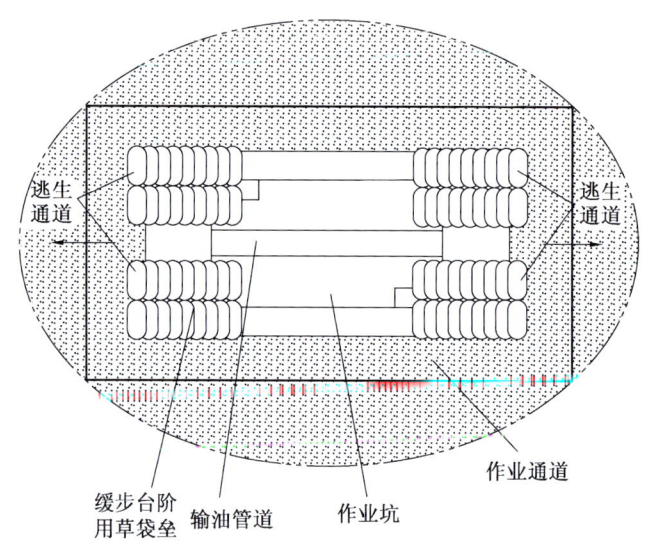

图6-3　作业坑逃生通道俯视图

【第六章】 动火作业区的风险识别与风险控制

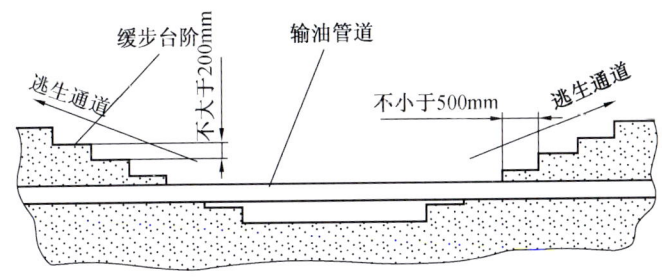

图6-4 作业坑逃生通道剖面图

通道要求为：

（1）坚实、遇水不倒塌、防滑。

（2）动火施工作业期间，作业人员经常进出，缓步台要做成楼梯蹬状，蹬宽应不小于500mm，蹬高度200mm左右为宜。

● 通道要方便通行，小小作业通道体现以人为本，关爱作业员的健康和生命。

第三节 深坑的处理

由于地形等因素，有时管道埋得很深。特别是土质情况复杂时，埋得较深的管道开挖后，塌方的风险很大。这种情况决不能马虎大意和抱有侥幸心理，要认真消除坑深、土质疏松可能造成塌方的风险。

深坑塌方消除风险的一般做法是，将坑口扩大，把坑壁做成阶梯状，消除塌方的源头。阶梯的台数，取决于土质和坑深。当遇有渗水、流沙时，还需要进行打桩护坡处理。深坑阶梯防塌方图如图6-5所示。

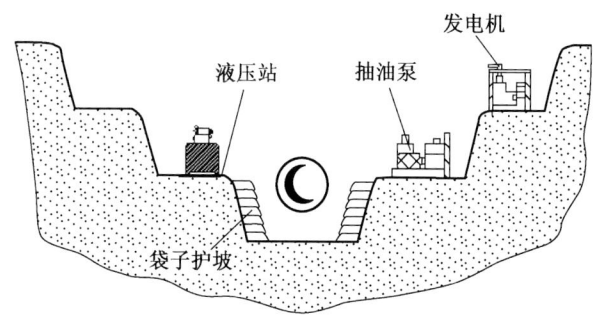

图6-5　深坑阶梯防塌方图

当动火作业坑内只是两根直管对接时,只需移开要对接的管口所对着沟边两侧的活土(从管沟内挖出来的新土),并把管口所对的两侧沟壁做成楼梯状,就消除了塌方的威胁。这样既方便了作业人员进出管沟,又使管口两侧无土方可塌,从而保证了作业人员的健康和人身安全。有塌方隐患的管沟不能使用梯子进出管沟,而是使用沟壁做成的楼梯状通道才能保证作业人员进出和作业的安全。两根新管对口(组对)作业通道的俯视图与剖面图如图6-6和图6-7所示。

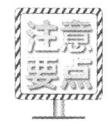

- 阶梯防塌方。

【第六章】 动火作业区的风险识别与风险控制

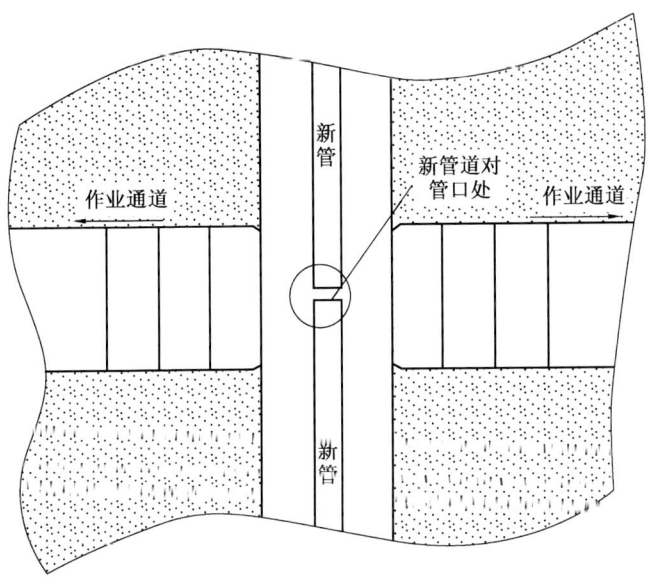

图6-6 两根新管刘口(组对)作业通道俯视图

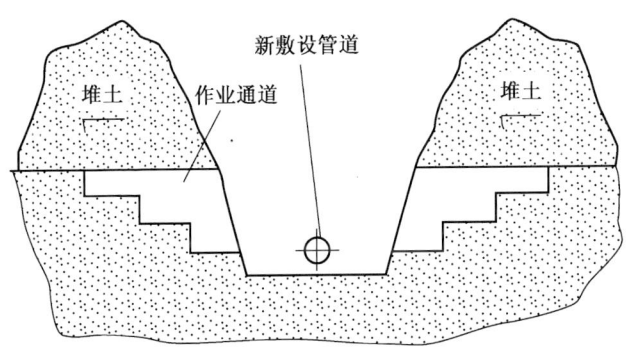

图6-7 两根新管对口(组对)作业通道剖面图

第四节 动火现场物件的摆放

动火现场的所有物件都要合理摆放,见附图 8 动火坑内所用设备、工具等要摆放在作业通道之外的合适位置,设备应做适当防护,见附图 9、附图 10。要方便操作,不影响作业,不影响通行,不影响躲避及逃生。通往作业坑的所有电缆、胶管都要埋在坑边作业通道下面的土里,保证作业通道无障碍通行和逃生通道的畅通。除了电缆、胶管埋在通道下面的土里之外,特别强调像钢管、氧气瓶、氮气瓶等圆柱体不能平行沟边摆放,应垂直于沟边放稳,以防止圆柱体物件受意外撞击后,滚入沟内伤人和砸坏设备。动火现场物件的摆放如图 6-8 所示。

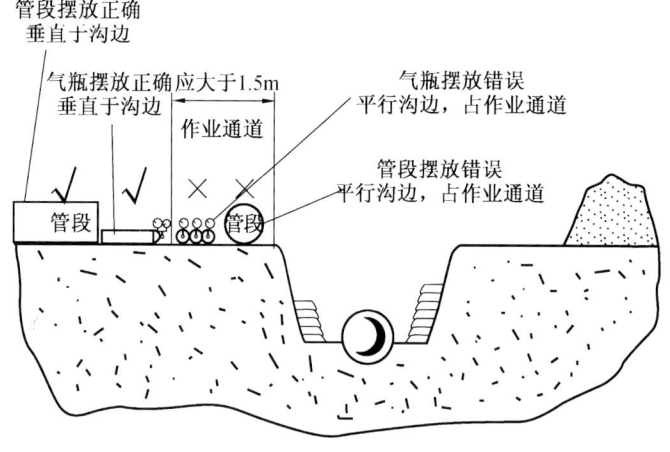

图 6-8 动火现场物件的摆放示意图

【第六章】 动火作业区的风险识别与风险控制

● 设备摆放在通行道外边,保证沟边通行道无障碍通行。

● 电缆、胶管等埋在通行道路下面的土里。

● 钢管、钢瓶等圆柱体垂直沟边摆放。

第五节 起重机(吊车)及其回转区域

一般情况下,起重机(吊车)是动火区域内最大的机械,风险点多,属于重点监管对象。其回转区域如图6-9所示,监管要点为:

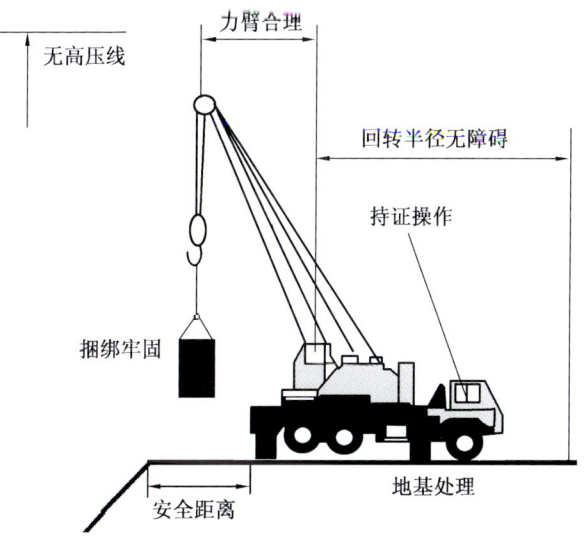

图6-9 起重机(吊车)回转区域图

(1) 起重机(吊车)地基平整、坚实、硬度均匀，不合格的要做基础处理。

(2) 回转半径内无障碍物，以免刮碰吊件及伤人。

(3) 起重机(吊车)起重要遵守操作规程，避免倾覆事故。

(4) 由专业起重工捆绑吊件。

(5) 起重机(吊车)操作台视线开阔，无影响视野的障碍物。

(6) 回转半径的天空中无高压线，动火点选址时要特别注意，如果不可躲避，要有特别的监护措施。

(7) 操作员均需持证上岗。

第六节　动火施工场地区域的划分

一次动火作业往往需要很多人员，设备及车辆，但是场地相对狭小。为了便于施工及有效地应对紧急情况，必须对工地实行区域划分，分工管理，责任到人(附图11至附图12)，这样可提高效率，保证安全。

动火施工场地的区域按用途大致分为以下几种：

(1) 动火作业场地(消防车、消防员在动火作业区内，消防器具专设摆放位置见附图13、附图14)。

(2) 设备材料场地。

(3) 停车场见附图15至附图17。

(4) 指挥部[含医疗点(附图18)、休息室]。

(5) 卫生间。

(6)风向标、警戒线、操作流程提示图(附图19至附图21)。

(7)垃圾堆放场所等。

- 按需合理划分,提高效率,保证安全。

第七节 动火施工及投产时间的界定

一、动火施工及投产时间的习惯界定

按照习惯说法,动火及投产时间就是指动火连头当天,所有的监管力量也都集中在这一天。按这种算法,无论这一天之前准备工程有多么艰巨,这一天过后还有多少后续完善工作量就都不算动火施工及投产了。这样各级的重视程度就会相对降低了,监管力量就会相对削弱了,工程质量和安全度的监管都会下降,从而成为新的风险源。

二、动火施工及投产时间按全过程管理的界定

实际上,从动火施工设备进入现场开始直到完成动火投产和恢复系统运行结束,全过程至少需要二三天时间,稍大一些的工程需要的时间会更长。

从监管过程看,只是重视动火连头当天是不够的。动火时间应从第一台动火设备进入动火施工现场开始,直到最后一台动火设备离开动火施工现场结束,全过程

算作动火时间。这样算的好处是,动火组织机构就要全过程进行监管,以此确保每一天,每个环节都能得到有效监督,确保不出任何安全事故。责任界面仍按第二章中第二节"动火施工中建设单位与施工单位责任主体的划分"所述。

第八节　现场监督

动火施工作业突出特点是时间紧,强度大,往往忙中出错,很容易酿成人身伤害事故。为了确保全过程安全,就必须实行现场全过程监督管理。在实践中,我们总结出了"六管"的监管措施:

一、管天

(1)动火点选址时应避免作业区上空有高压线。

(2)高压线不可避免时,要制定监管措施。

(3)有防雷雨措施。

(4)由风向标判定下风向。

二、管地

一般情况下,动火作业场地比较狭小,设备材料相对较多,坑上坑下交叉作业频繁。如果地面场地管理不善,极易诱发事故。

作业场地要求:

(1)坑边作业通道畅通无阻。

(2)坑内通道完好,无杂物。

(3) 机械设备摆放合理。

(4) 通往坑内的电缆、胶管等要埋在通道下面通过。

(5) 常用工具定点摆放,便于操作。

(6) 不稳定的坑壁要做阶梯、护坡、打桩等防塌方处理。

(7) 动火施工工地区域划分合理。

三、管人

如何监管现场人员的不安全行为是避免一切事故发生的根本,对现场人员实行如下监督:

(1) 操作人员必须持证上岗。

(2) 入场人员必须经过安全教育培训。

(3) 入场人员劳动保护着装必须齐全。除了安全帽、工作服、手套、工作鞋外,特殊工种及特殊环境还要戴防护镜。

(4) 禁止与作业无关人员进入现场。

(5) 现场设安全监督员若干人,专门监督现场所有人员的违规行为和不文明施工行为。

四、管吊车(起重机)

吊车(起重机)可以说是动火作业区内最大的机械设备。它动作幅度广,使用频率高,安全风险也大,所以把它从设备管理中分出来,加以强调。

(1) 司机、起重工持证上岗。

(2) 地基牢固均匀,硬度不均匀,要进行处理。

(3) 操作室视线开阔,旋转半径内无障碍物并禁止不相关人员进入旋转半径之内。

(4)风天防倾倒。

(5)雨天防地基变化。

(6)天空防高压线。

(7)雨天有防雷电预案。

(8)挖沟机能承担的任务,尽量避免使用吊车(起重机)。

五、管设备

(1)设备完好是动火连头及投产当天顺利与成功的先决条件。

(2)动火连头及投产的前一天要将动火连头当天用到的所有设备全部检修一遍,确保设备齐全完好。

(3)动火连头及投产的前一天要将能"就位"的设备全部就位。

(4)动火连头及投产的前一天要组织设备专业的工程师将第二天所用设备逐一进行检查,确认完好程度及就位情况,并做好文字记录。不合格项要立即整改,达到规定要求,否则推迟动火作业日期,达到规定要求为止。

(5)根据季节及天气情况,设备要做好防雨、防晒、防冻等防护措施。

(6)电气设备要做好接地。

六、管质量

(1)焊缝质量是衡量动火施工质量最主要的技术指标。

(2)建立专门的焊接质量管理小组。

(3)焊接质量管理小组要根据焊接工艺评定对焊缝、焊条、焊接温度、环境温度、环境湿度、防风等实行全过程监督。

(4)焊接完成后,要由具有资质的专业焊缝检测队伍进行检测。

第七章 目前国产动火施工设备存在的问题

第一节 封 堵 囊

封堵囊自研制应用几十年以来,在制造工艺方面改进不大。

一、存在问题

目前生产的封堵囊囊壁太厚、太硬,捆绑后体积过大,造成管道开孔过大,开孔时间长,不便操作和日后管理。

二、改进路线

封堵囊的改进应从选择制造囊的原材料入手,减少囊的厚度,增大囊的强度。采用先进的制造工艺,改进气嘴的设计,使囊可多次重复使用。新、老式封堵囊外形对比如图 7-1 所示。

【第七章】 目前国产动火施工设备存在的问题

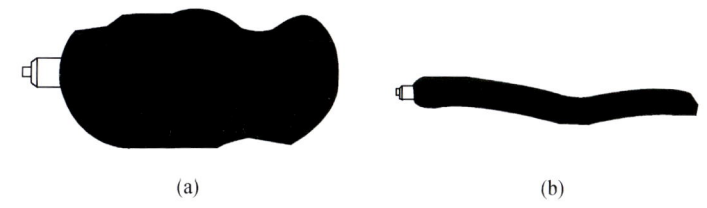

(a)   (b)

图7-1 新、老式封堵囊外形对比图
(a)老式封堵囊；(b)新式封堵囊

第二节 黄 油 囊

黄油囊自应用于动火施工以来,一直将封堵囊作为黄油囊的替代囊来使用。

一、存在问题

黄油囊所使用的橡胶囊不是为黄油囊的功能专门设计的橡胶囊,而是借用了封堵囊来代替使用,因此封堵囊存在的问题也都是黄油囊存在的问题。

二、改进路线

改进路线是为黄油囊设计专用的胶囊。因为黄油囊是在常压下使用,选用了新材料后,橡胶囊可以更薄、更柔软、更轻便,并能保证所需强度。这样取囊孔就可以由DN300降为DN100的理想孔径。新、老式黄油囊外形对比如图7-2所示。

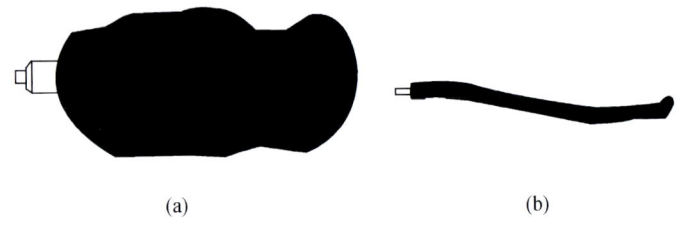

图 7-2 新、老式黄油囊对比图
(a)老式黄油囊;(b)新式黄油囊

第三节 维抢修夹具

当管道因腐蚀、焊缝开裂、遭第三方施工破坏、被打孔盗油时,首先要选择用夹具修复。夹具修复较其他修复方法便利、快捷、省时间。目前现有的夹具并不理想,主要是安装和焊接时间较长及适应变形能力较弱。

一、存在问题

目前夹具在使用过程中存在以下问题:
(1)螺栓数量过多,锁紧费时费力。
(2)实际使用中,每根螺栓螺母都要封焊,很费时间。
(3)当管道有变形时,密封不严。

二、改进路线

夹具的改进应从以下5个方面入手:
(1)改变螺栓锚固作用,改为只起组对和预紧作用,这样就可以减少螺栓数量。
(2)增加快速紧固机构,快速堵住泄漏。

(3) 夹具内侧加工成槽型,适应管道的变形。

(4) 夹具两侧缝和两端面全封闭焊接,起到防泄漏和加强的作用。

(5) 焊接完成后,切下紧固机构和组对螺栓。

第四节 开孔短接及堵塞

一、存在问题

(1) $DN50$ 和 $DN100$ 开孔短接。目前使用的 $DN50$ 和 $DN100$ 的开孔短接大多数是螺纹连接,发生故障的概率较高,极易发生堵个上扎、脱扣等事故。

(2) $DN200$ 以上开孔短接。目前使用 $DN200$ 以上的开孔短接在止口、钢珠阀等位置都有改进空间,改进前短接和堵塞结构如图7-3所示。由于没有止口,往往在下堵塞时,出现锁环不能进入锁槽的故障。钢珠阀出现的故障是钢珠阀打不开,导致堵塞下不去。

二、改进路线

(1) 将 $DN50$ 和 $DN100$ 的开孔短接由螺纹连接改成法兰连接。

(2) 将 $DN50 \sim DN700$ 的开孔短接内径改为锥面设计,就可以不利用钢珠阀溢流。全部增加止口设计,这样就解决了堵塞下不到位和钢珠阀打不开的问题。拟改进开孔短接和堵塞结构如图7-4所示。

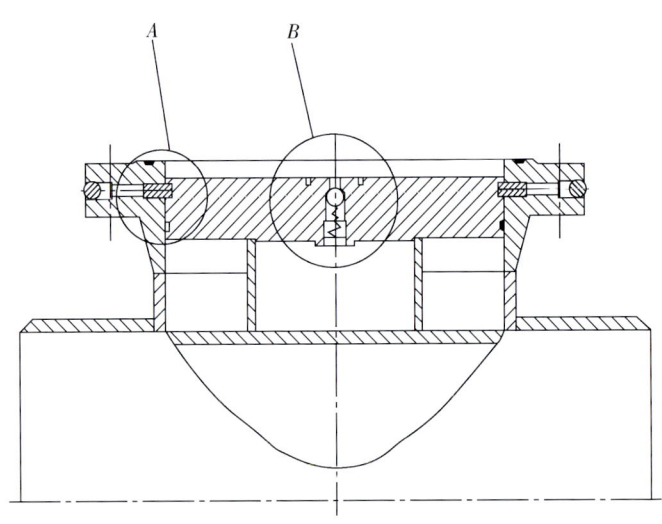

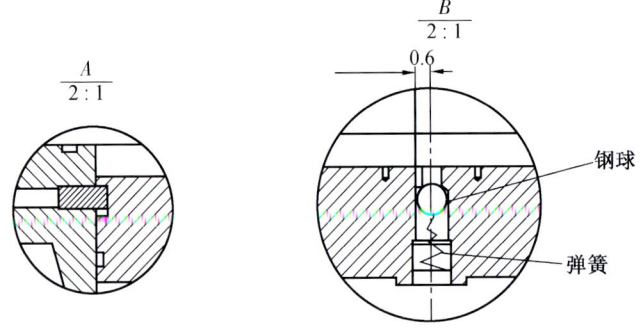

图 7-3 改进前短接和堵塞结构示意图

【第七章】 目前国产动火施工设备存在的问题

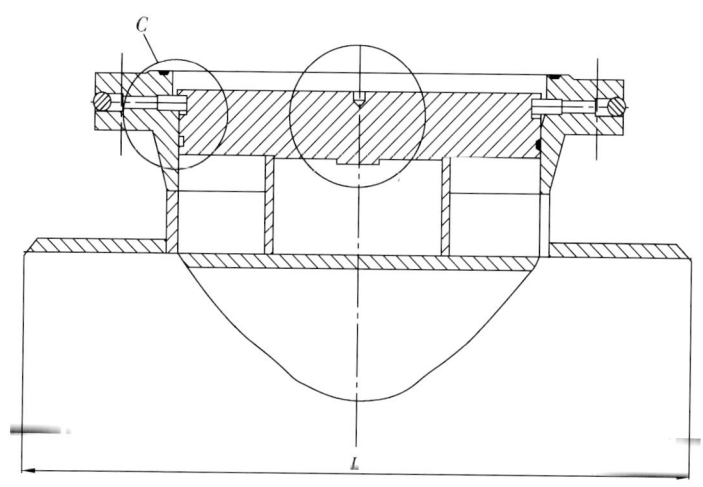

图 7-4　拟改进开孔短接和堵塞结构示意图

第五节　夹 板 阀

一、存在问题

（1）目前夹板阀上的压力表管、放油管都是采用螺纹与夹板阀体直接连接。在封堵过程中，现场发生意外刮碰后，非常容易根部折断，留在阀中的根部又不能当场取出更换，极易造成大量跑油事故。原夹板阀结构如图 7-5 所示。

（2）当封堵的介质为高凝点原油时，在低温条件下，夹板阀腔体内的原油极易凝固，往往发生夹板阀阀门打不开的故障。

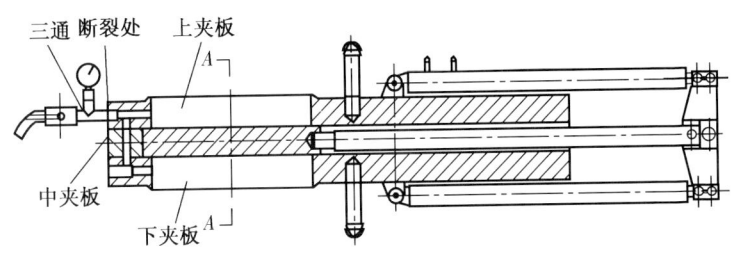

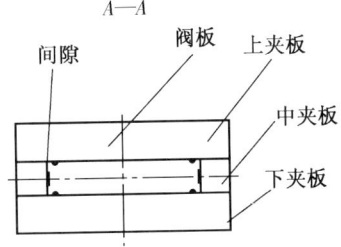

图 7-5 原夹板阀结构示意图

二、改进路线

(1)增加活接头。增加一个活接头,将夹板阀上的压力表管、放油阀管和阀体之间通过活接头进行连接。当发生连接管折断故障时,可以拧下活接头,在现场更换连接管,避免造成大量跑油事故。

(2)阀板上增设溢流孔。在夹板阀的阀板上设计2个溢流孔,当夹板阀的腔体内有凝油时,就可以利用夹板阀阀板上增设的溢流孔将凝油从溢流孔处挤出,这样就可轻松将阀门打开。拟改进夹板阀结构如图7-6所示。

【第七章】 目前国产动火施工设备存在的问题

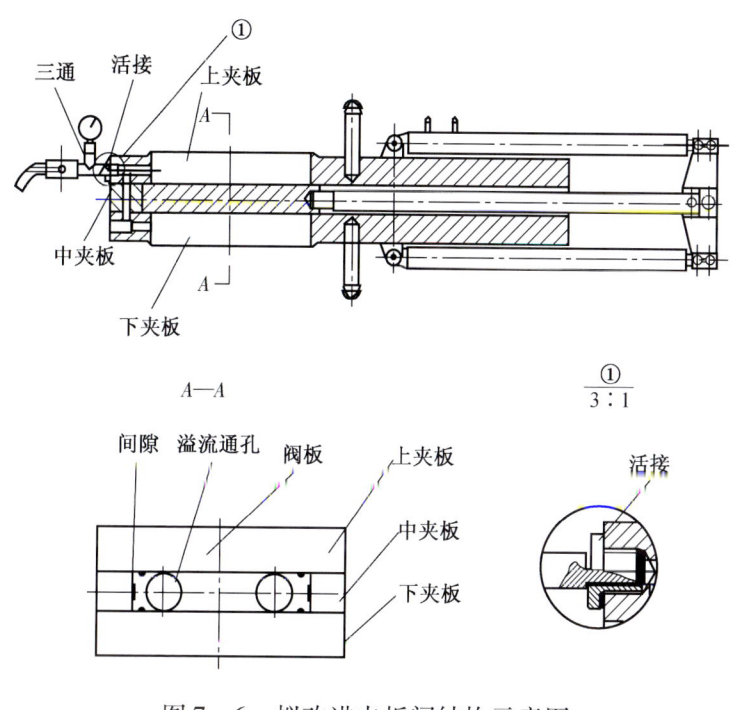

图7-6 拟改进夹板阀结构示意图

第六节 切 管 机

一、存在问题

目前国内使用的在役管道切管机主要有爬行式切管机、分瓣式车削切管机等几种。爬行式切管机是一种传统式切管机,切管速度比较慢,遇有挤压力容易夹刀、打刀。大多数爬行式切管机不能切削管口的焊接坡口。国外引进的分瓣式切管机,遇有挤压力时容易夹刀,影响切管速度。

二、解决办法

国内使用的在役管道切管机存在主要问题的原因是刀具问题。若选用铣刀做切割工具,就能较好解决切割速度慢,容易夹刀等问题。铣刀式对开切管机具有不怕管子硬,不怕管子壁厚,更不怕夹刀的优点,是理想的在役管道切管机。

第八章 动火输油管道的投产

输油管道动火连头完成并检验合格后,就要将这段管道进行通油投产。输油站内的通油投产与输油站外管道的通油投产在方法上有所不同。

第一节 输油站的投产

(1)按"投产就是投准备"的理念,提前组织编写好各个专业投产及总体投产的详细文件,按文件要求确认各个专业及总体投产准备工作已百分之百完成。

(2)机、泵、炉、阀及变电所等单体调试合格及系统联调合格是调试的重点。工艺管网及油罐施工完成,试压合格,垃圾和水清扫干净,管线排污阀关闭,罐顶开口打开,满足安全进油及排气要求。

(3)站内通油排气的方法是先向站内油罐进油,将罐内原油或成品油充满一定高度后,再用油罐的油向站内管网充油排气。

(4)油流进输油站要先走穿越站流程,对站内管网进一步用油流冲刷,并确认气体已经排净。穿越站油流稳定后,调控中心调度再根据系统情况安排该站何时起泵外输。

- 投产就是投准备。
- 投油前,各专业单体调试合格后进行整体联调。联调验收合格后,再进行投油排气程序。
- 用油罐充油排气是站内投产的最佳选择。

第二节 输油站外管道的投产

输油站外管道的投产方法按所输送介质凝点的高低而不同。

一、低凝原油管道的投油方法

管道投油是管道投产最重要的关键环节。低凝原油的投产比较简单,重点是做好投油排气,特别注意如下:

(1)确认投油的管道系统,密闭完善,试压合格。相关设备都已调试完成,符合设计要求并验收合格。

(2)根据地形选好若干个高点排气点。

(3)若管线较长,要将沿途能排气的输油站、阀室利用起来,按油流进程排气,加快排气进度。

(4)若管线较长,不允许将气体直接排进末站油罐,应在管线末端进罐之前设临时排气设施,将到达末站的气体在输油站的围墙外面全部排掉。

(5)轻质原油、成品油要用氮气将油流与空气进行隔离。根据地形条件还可在油头和气体之间加油气隔离球,有时对排净气体有利;反之,有时加隔离球起的作用不大或不起作用。

二、高凝原油管道的投油方法

输送高凝原油的管道与输送低凝原油的管道投产的主要不同点是,需要有与所输送原油凝点相适应的温度场。高凝原油投油排气的主要方法有以下几种。

1. 热水预热法

热水预热法就是把水加热后,将热水充入待投油管道。将热水在新建管道内反复进行正、反输,逐步提高管壁周围的土壤温度,建立起与所输送高凝点油相适应的温度场,以确保新建管道投油后不发生凝管事件。

优点:温度场温度提升均匀,投油的可靠性好,它是所有投油方法中最安全、最可靠的方法。

缺点:需要有水源,要消耗燃料油,要修建注排水设施及混油头需要油水分离处理。

2. 高凝油和低凝油顺序输送法

高凝油和低凝油顺序输送法,就是全线提高输送温度,将高凝油和低凝油都加热到较高的温度,低凝油作为"油头"在前,高凝油顶着低凝油前进。低凝油的量和加热温度都要经过计算确定,并要留有充分余地。

目前东北管道有俄罗斯低凝原油,所以东北管网有条件的管道投产都可采用此方法。此法的优点是安全可靠,操作简便;缺点是需要有足够的低凝油储备和接收的炼厂。

3. 加降凝剂降凝法

加降凝剂降凝法,是通过提前在输油管线中加入与高凝原油相匹配并经国家批准生产的降凝剂,使输送液体的凝点降低到新建管道的温度场以下,以保证投产时不发生凝管事故。降凝剂能否应用,都要经现场试验,验证可靠后才能应用。

优点:操作上比热水预热法简便得多,在高凝油管道投油方法中也是有前景的方法之一。

缺点:一是受降凝剂与原油匹配效果限制,原油种类不同,所选的降凝剂也不同;二是目前降凝剂价格相对较高。

- 站场投油用油罐充油排气。
- 管道管径较大、距离较短,且有低凝油油源时,用高凝油顶低凝油的方法进行投产新管道较有优势。
- 投产高凝原油管道所使用的降凝剂应与高凝原油相匹配,并经国家批准生产,且必须经现场试验合格后方可使用。
- 高凝油顶低凝油顺序输送与加入有效降凝剂联合投产效果会更好。

第九章 动火施工及投产的组织机构

动火施工及投产是一种特殊作业。大多数是在运行系统上强制作业,需要建设方与施工方共同完成。整个工程进行中,管道工艺运行操作与施工作业经常交叉进行,责任主体也不断交叉变化。因此,要组建有动火特色的组织机构,来保证动火施工与投产的顺利进行。组织机构如图9-1所示。

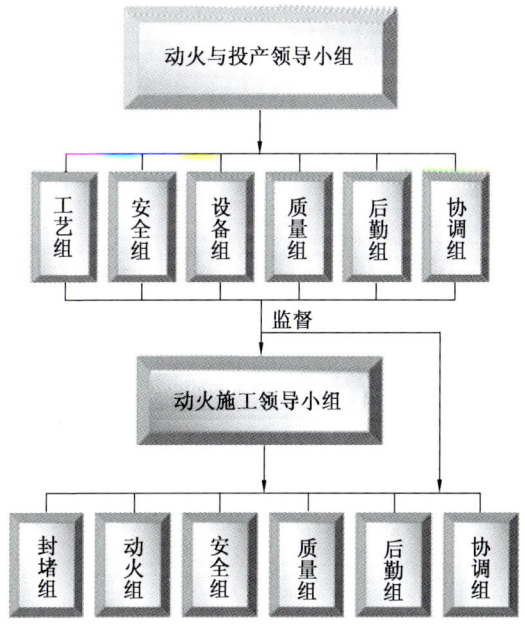

图9-1 组织机构框图

第一节　动火与投产领导小组

动火与投产领导小组由建设方相关单位组成,为现场指挥班子,设有工艺组、安全组、设备组、质量组、后勤组及协调组。

一、工艺组

(1)工艺组负责输油系统动火前、动火中、投产及投产后运行系统的方案编制、操作及调度指挥。

(2)工艺组在停输动火的三个阶段中负责第一和第三阶段。

二、安全组

(1)安全组负责动火施工及投产全过程的安全、环保、职业健康的监督管理,特别应对现场人员的不安全行为及操作进行监管。

(2)安全组对现场使用的设备及可燃气体进行安全性认定及检测。

三、设备组

设备组负责对现场的设备、机具等完好性进行监管。

四、质量组

质量组负责对所有的焊接进行全过程监管,组织专业检测队伍对焊道进行检测及验收。

五、后勤组

后勤组负责现场人员的职业健康和后勤保障。

六、协调组

协调组在动火施工及投产的全过程中,负责现场各个单位之间的沟通与协调,对工程进度负有督导责任,代表建设单位与地方政府及相关单位进行联络和协调。

第二节　动火施工领导小组

动火施工领导小组由施工方组成,负责动火施工的组织、实施、安全、质量、健康。其在动火施工阶段是责任主体,在投产及系统恢复阶段负责保障任务。

第三节　现场的统一指挥

特别指出,由于动火施工及投产涉及的专业和队伍较多,在施工过程中的不确定因素较多,施工及投产方案随着现场实际情况的变化也多有变化和修改。施工工期进度、施工质量和人身安全及人员健康尤显重要。这样现场必须有强有力的指挥机构对动火施工现场的所有单位及施工队伍实行统一调度,统一指挥。"动火与投产领导小组"是动火施工及投产现场的决策和指挥机构。

附 图

附图1 切管防止夹刀

附图2 作业坑一侧堆土

【附　图】

附图3　施工现场人行通道设置

附图4　作业坑边管路入地，人行通道大于1.5m

附图5　施工现场逃生通道方向1

附图6　施工现场逃生通道方向2

附图7 施工现场逃生通道方向3

附图8 施工现场工具箱的摆放

附图 9　现场施工设备防护

附图 10　作业坑内设备的摆放

附图11　施工现场合理布置1

附图12　施工场地合理布置2

附图13　作业坑边消防器具的摆放

附图14　消防器具摆放区

附图15 施工现场车辆通行道路

附图16 施工车辆停放区域规划

附图17　施工车辆停放区域

附图18　施工现场医疗点

附图19　施工现场操作流程提示图版

附图20　现场安全警示用语

附图21　现场安全警示标牌

参 考 文 献

[1] 金建华,王烽编. 水力学. 长沙:湖南大学出版社,2006.
[2] SY/T 6150.1—2011 钢制管道封堵技术规程 第1部分:塞式封堵.
[3] SY/T 6150.2—2011 钢制管道封堵技术规程 第2部分:挡板—囊式封堵.